MÉMORIAL

DES

SCIENCES PHYSIQUES

PUBLIÉ SOUS LE PATRONAGE DE

L'ACADÉMIE DES SCIENCES DE PARIS

DES ACADÉMIES DE BELGRADE, BRUXELLES, BUCAREST, COÏMBRE, CRACOVIE, KIEW, MADRID, PRAGUE, ROME, STOCKHOLM (FONDATION MITTAG-LEFFLER), ETC., AVEC LA COLLABORATION DE NOMBREUX SAVANTS.

DIRECTEURS :

Henri VILLAT et Jean VILLEY

FASCICULE III

Propriétés électriques et magnétiques des flammes

PAR M. GEORGES MOREAU

Doyen de la Faculté des Sciences de Rennes.

PARIS

GAUTHIER-VILLARS ET Cie, ÉDITEURS

LIBRAIRES DU BUREAU DES LONGITUDES, DE L'ÉCOLE POLYTECHNIQUE

Quai des Grands-Augustins, 55

1928

MÉMORIAL

DES

SCIENCES PHYSIQUES

PARIS. — IMPRIMERIE GAUTHIER-VILLARS ET Cie
82482-28. Quai des Grands-Augustins, 55.

MÉMORIAL

DES

SCIENCES PHYSIQUES

PUBLIÉ SOUS LE PATRONAGE DE

L'ACADÉMIE DES SCIENCES DE PARIS

DES ACADÉMIES DE BELGRADE, BRUXELLES, BUCAREST, COÏMBRE, CRACOVIE, KIEW, MADRID, PRAGUE, ROME, STOCKHOLM (FONDATION MITTAG-LEFFLER), ETC., AVEC LA COLLABORATION DE NOMBREUX SAVANTS.

DIRECTEURS :

Henri VILLAT et Jean VILLEY

FASCICULE III

Propriétés électriques et magnétiques des flammes

PAR M. GEORGES MOREAU

Doyen de la Faculté des Sciences de Rennes.

PARIS

GAUTHIER-VILLARS ET Cie, ÉDITEURS

LIBRAIRES DU BUREAU DES LONGITUDES, DE L'ÉCOLE POLYTECHNIQUE

Quai des Grands-Augustins, 55

1928

AVERTISSEMENT

La Bibliographie est placée à la fin du fascicule, immédiatement avant la Table des Matières.

PROPRIÉTÉS ÉLECTRIQUES ET MAGNÉTIQUES

DES

FLAMMES

Par M. Georges MOREAU,

Doyen de la Faculté des Sciences de Rennes.

GÉNÉRALITÉS.

On sait depuis plus d'un siècle que les gaz d'une flamme sont conducteurs de l'électricité. Une pile reliée à deux électrodes de platine plongées dans la flamme débite un courant. Volta utilisait cette propriété pour décharger un corps isolant en passant une flamme sur lui. Un conducteur isolé réuni à une flamme prend rapidement le potentiel de la masse d'air qui entoure celle-ci. Les produits de la combustion, en fournissant des charges électriques à l'atmosphère, annulent le champ électrique entre l'air et le conducteur. Cette action était employée par le P. Beccaria et par Volta pour l'étude du champ électrique atmosphérique.

Les nombreuses recherches faites sur la conductibilité des flammes ont été jusqu'aux trente dernières années purement qualitatives. Si l'on se reporte aux Mémoires publiés par Braun, Erman, Giese, Hankel, Herwig, Hittorf, Neyreneuf, Pouillet, on trouve une ample moisson de faits établissant cette conductibilité et celle des gaz qui proviennent de la combustion. La flamme du gaz d'éclairage, lumineuse ou non, celle de la lampe à alcool, de l'oxyde de carbone, la flamme oxhydrique sont fortement conductrices. Les flammes à plus basse température, telles que celles de l'éther, de l'hydrogène chloré, le sont moins. Le phénomène est compliqué par les réactions chimiques, la température élevée, l'émission des charges négatives par les particules incandescentes en suspension dans les flammes.

Giése, en 1889, suggéra, le premier, l'hypothèse que la conductibilité électrique de la flamme est due au mouvement d'ions chargés répandus dans son intérieur. Mais ce n'est qu'après le développement de la théorie ionique des propriétés électriques des gaz de J.-J. Thomson que les recherches expérimentales ont été guidées et que les connaissances sur les relations de la matière et de l'électricité à haute température ont été véritablement fixées. Ces recherches ont été poursuivies pendant les trente dernières années par Arrhénius, Barnes, Boucher, Bryan, Dawson et Smithells, Gold, Heaps, Massoulier, Moreau, Neyreneuf, Ricker, J.-J. Thomson, Tufts, Watt, H.-A. Wilson, etc. On consultera la Bibliographie placée à la fin du fascicule.

Dans les pages suivantes, on a résumé les recherches les plus récentes qui ont pu être comparées aux résultats de la théorie. L'exposition est faite dans plusieurs Chapitres :

I. Conductibilité de la flamme Bunsen.
II. Conductibilité de la flamme Bunsen chargée de vapeurs salines.
III. Mobilités et masses des ions.
IV. Action du champ magnétique et magnétisme des flammes.
V. Couples à flammes.
VI. Ionisation des gaz issus des flammes, des vapeurs salines et des flammes lumineuses carbonées.

CHAPITRE I.

CONDUCTIBILITÉ DE LA FLAMME BUNSEN.

1. **Étude de la conductibilité.** — La flamme non éclairante d'un bec de gaz Bunsen est bonne conductrice de l'électricité. Le courant d'une batterie d'accumulateurs la traverse et il est assez élevé pour être mesuré avec un galvanomètre. Aucun dépôt sensible n'apparaît sur les électrodes.

Un bon dispositif d'études est le suivant, employé par H.-A. Wilson :

Un tube de laiton AB (*fig.* 1) de 5^{cm} de diamètre, 70^{cm} de longueur, porte 24 tubulures de 6^{mm} de diamètre et 15^{mm} de haut. Chacune d'elles est terminée par un tube de quartz de 3^{cm} de long, à l'extrémité supérieure duquel on allume une flamme. Les 24 petites flammes se touchent et donnent une flamme unique de 26^{cm} de long, sur 7^{cm} de haut.

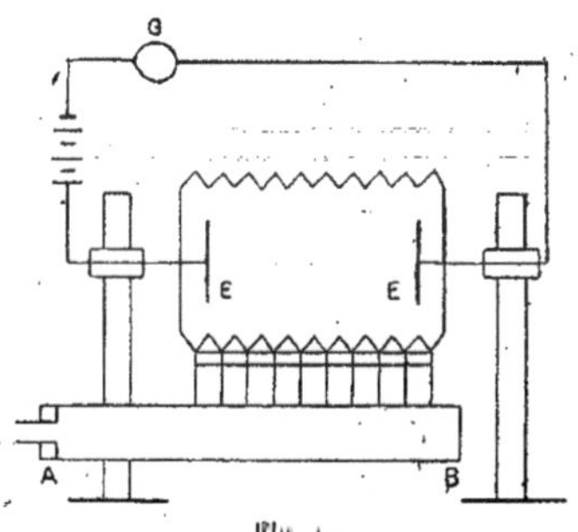

Fig. 1.

Les électrodes E sont des disques de platine de $1^{cm},5$ de diamètre, soudées à l'extrémité de fils de platine supportés dans des tubes de verre. Elles sont placées dans la flamme à distance mutuelle variable.

Le tableau suivant donne le courant obtenu (H.-A. Wilson), en prenant comme unité $8{,}8.10^{-9}$ ampère; d est la distance des électrodes :

$d =$	1^{cm}.	9^{cm}.	$13^{cm},5$.	18^{cm}.
E = 600 volts	310	295	280	270
400 »	255	240	230	215
200 »	175	165	155	143
120 »	130	115	104	90
40 »	67	57	53	48
20 »	42	35	32	29
10 »	22	16	14	13
4 »	9	7	6	5,3
2 »	5	4	3,5	3

Soit, pour 600 volts, un courant de l'ordre de 2 à 3 microampères.

Les résultats relatifs aux distances $d = 1^{cm}$ et 18^{cm} sont traduits par les deux courbes (*fig.* 2). Pour une distance donnée le courant croît avec la force électromotrice E sans atteindre le courant limite ou de saturation des gaz ionisés à température ordinaire par les rayons X ou les sels radioactifs. Pour un voltage donné, le courant varie peu avec la distance des électrodes.

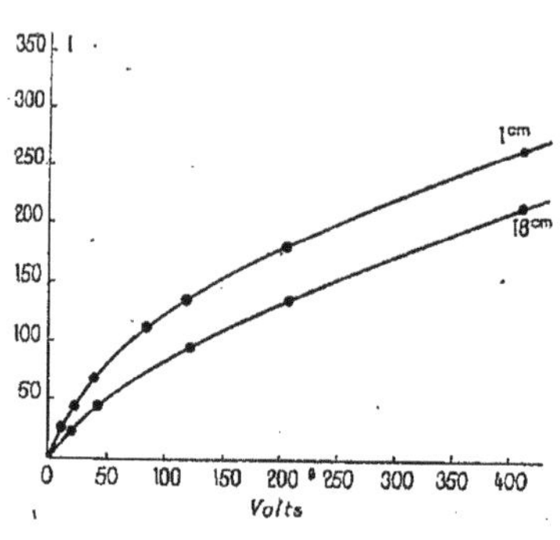

Fig. 2.

Pour de très faibles distances d, il passerait, d'après Ricker, par un minimum; c'est vers 1^{mm} que ce minimum existerait; l'accroissement qui le suit pour des distances plus faibles tiendrait au rayonnement corpusculaire des électrodes qui s'ajouterait aux ions de la flamme.

2. **Distribution du potentiel.** — La distribution du potentiel entre les électrodes est étudiée avec un fil de platine qu'on déplace horizontalement dans la flamme. Il communique avec l'un des couples de quadrants d'un électromètre, pendant que l'autre couple communique avec l'une des électrodes.

La courbe de distribution est représentée dans la figure 3. La chute de potentiel est faible le long de la flamme jusqu'à 2^{cm} de la cathode où s'affirme une chute très rapide. Pour 550 volts, on constate une chute de 450 volts au voisinage de la cathode. Au voisinage de l'anode la chute est beaucoup moins accentuée.

L'explication de cette distribution est simple, si l'on admet qu'il y a ionisation dans le corps de la flamme, et que les ions négatifs ont une mobilité notablement plus élevée que les ions positifs. Les premiers sont chassés de la région cathodique et un grand excès d'ions positifs apparaît dans celle-ci, d'où une chute de potentiel accentuée.

Le gradient uniforme du potentiel est mesuré par deux fils de pla-

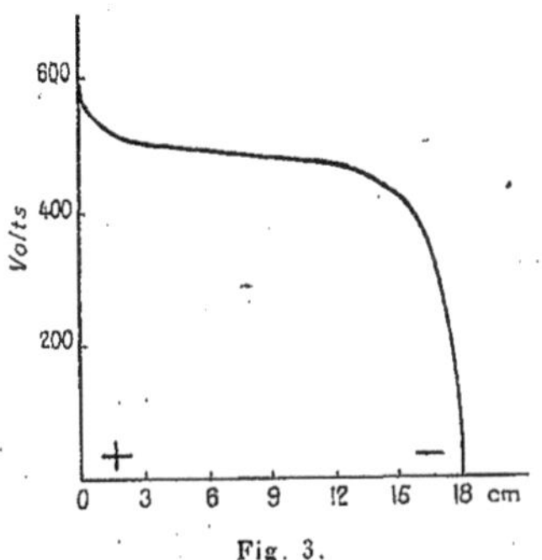

Fig. 3.

tine explorateurs en relation avec un électromètre. Il est trouvé proportionnel au courant.

Voici quelques résultats, avec deux fils distants de $0^{cm},5$ (H.-A. Wilson) :

i ($1 = 8,8.10^{-9}$ amp).	ΔV.	$\frac{\Delta V}{i}$.
270	4	0,015
54	0,8	0,015
18	0,25	0,014

Si donc d représente la distance des électrodes, dans la région de champ uniforme, la chute de potentiel est $A i \overline{d}$; au voisinage des électrodes, elle varie plus rapidement, soit Bi^2, de sorte que l'on a

$$V = A\,id + B\,i^2. \tag{1}$$

Cette formule représente la variation de i avec V.

Voici, comparés à l'observation, les nombres donnés par cette formule :

$$d = 18^{cm}, \qquad A = 0,03, \qquad B = 0,0061.$$

$V_{obs.}$ (volts)...	600	400	200	120	40	20	10	4
$A\,id$..........	140	116	77	48,6	25,9	15,6	7	3
$B\,i^2$...........	445	281	124	49	14	5	1	0,17
$V_{calc.}$ (volts)..	591	397	201	97,6	40	20,6	8	3,17

Pour les fortes valeurs du courant, c'est la chute cathodique qui l'emporte; c'est l'inverse pour les faibles valeurs du courant. Pour les petites valeurs de d, le courant varie comme la racine carrée du potentiel; toute la différence de potentiel est localisée à la cathode.

3. **Flamme d'éther.** — Avec une flamme de vapeur d'éther dans laquelle les électrodes sont à peine rouges, on obtient encore une courbe de conductibilité (i, V) à allure parabolique.

Voici des résultats donnés par Massoulier avec électrodes de platine ($2^{cm},8$ de diamètre) à 2^{mm} l'une de l'autre. Une déviation unité correspond à 3.10^{-8} ampère :

V.........	88	176	352	528	704	880
Δ..........	36	78	128	158	181	200

En introduisant CO^2 dans la flamme d'éther, on observe une élévation notable du courant. Ceci peut s'expliquer par une dissociation chimique de CO^2 qui ajoute de nouveaux ions à ceux qui proviennent de la vapeur d'éther. Ce résultat semble prouver que l'ionisation d'une flamme est provoquée par des réactions chimiques.

4. **Théorie de J.-J. Thomson.** — J.-J. Thomson déduit la formule (1), des équations générales applicables aux gaz ionisés.

Soient en un point situé dans la flamme à la distance x de l'anode, n_1 la densité des ions positifs, n_2 celle des ions négatifs, K_1 et K_2 les mobilités ou vitesses des ions sous l'action d'un champ unité, X l'intensité du champ, α le coefficient de recombinaison et q le nombre d'ions de chaque signe fournis par seconde et par unité de volume. Les équations générales d'un gaz ionisé sont :

$$(2)\qquad i = (n_1 K_1 + n_2 K_2) X e \qquad (e = \text{charge d'un ion}),$$

$$(3)\qquad \frac{dX}{dx} = 4\pi(n_1 - n_2)e,$$

$$(4)\qquad \frac{d}{dx}(n_1 K_1 X) = q - \alpha n_1 n_2,$$

$$(5)\qquad -\frac{d}{dx}(n_2 K_2 X) = q - \alpha n_1 n_2.$$

Des équations (3), (4), (5) on déduit

$$(6)\qquad \frac{d^2 X^2}{dx^2} = 8\pi e(q - \alpha n_1 n_2)\left(\frac{1}{K_1} + \frac{1}{K_2}\right).$$

Supposons que K_2, mobilité négative, dépasse beaucoup la mobilité positive K_1, alors le courant est pratiquement transporté par les ions négatifs.

On a

$$i = n_2 K_2 X e$$

et

$$q = \alpha n_1 n_2,$$

d'où

$$n_1 = \frac{q}{\alpha n_2} = \frac{q K_2 X e}{\alpha i};$$

donc

$$\frac{dX}{dx} = 4\pi e \left\{ \frac{q K_2 X e}{\alpha i} - \frac{i}{K_2 X e} \right\},$$

d'où l'on tire

$$X^2 = \frac{\alpha i^2}{K_2^2 e^2 q} + C \varepsilon^{-8\pi \frac{e^2 K_2 q}{\alpha i} x}. \tag{7}$$

Dans l'équation (7), la distance x est comptée à partir de la cathode et C est une constante. On la détermine ainsi :

L'équation (6) donne, dans le cas où K_1 est petit vis-à-vis de K_2,

$$\left\{ \frac{dX^2}{dx} \frac{K_1}{8\pi e} \right\}_0^{x_1} = \int_0^{x_1} (q - \alpha n_1 n_2)\, dx = \frac{i - i_0}{e};$$

i est le courant total et i_0 celui émis par la cathode. $\frac{i-i_0}{e}$ est le nombre d'ions négatifs qui sortent de la tranche $(0, x_1)$ considérée au voisinage de la cathode.

Remplaçant $\frac{dX^2}{dx}$ par sa valeur tirée de (7), et négligeant le terme exponentiel pour x grand, il vient

$$C = \frac{\alpha i (i - i_0)}{e^2 q K_1 K_2}.$$

Loin de la cathode, avec la même approximation, on tire de (7)

$$X = \sqrt[2]{\frac{\alpha}{q}}\, \frac{i}{K_2 e} \qquad \text{et} \qquad V_1 = \sqrt[2]{\frac{\alpha}{q}}\, \frac{i}{K_2 e} d.$$

Au voisinage de la cathode,

$$X = \sqrt[2]{C}\, \varepsilon^{-\frac{4\pi e^2 K_2}{\alpha i} q x},$$

d'où

$$V_2 = \int_0^{\infty} X\,dx = \frac{\alpha i}{4\pi e^3 K_2 q}\sqrt[2]{\frac{\alpha i(i - i_0)}{q K_1 K_2}};$$

donc

(8) $$V = \sqrt[2]{\frac{\alpha}{q}\frac{1}{e K_2}}\left\{ id + \frac{\alpha i}{4\pi e^2 q}\sqrt[2]{\frac{i(i - i_0)}{K_1 K_2}} \right\}.$$

Avec une émission cathodique nulle, $i_0 = 0$, il vient

(9) $$V = \sqrt[2]{\frac{\alpha}{q}\frac{1}{e K_2}}\left\{ id + \frac{\alpha i^2}{4\pi e^2 q (K_1 K_2)^{\frac{1}{2}}} \right\},$$

soit

$$V = A\,id + B\,i^2.$$

C'est la formule indiquée précédemment pour représenter les observations. Si d est petit, i est proportionnel à $\sqrt[2]{V}$.

Les formules (2) et (3) donnent

(10) $$\begin{cases} n_1 e = \dfrac{1}{K_1 + K_2}\left\{ \dfrac{i}{X} + \dfrac{K_2}{8\pi X}\dfrac{dX^2}{dx} \right\}, \\ n_2 e = \dfrac{1}{K_1 + K_2}\left\{ \dfrac{i}{X} - \dfrac{K_1}{8\pi X}\dfrac{dX^2}{dx} \right\}. \end{cases}$$

Posons $x = 0$,

$$n_1 = 0;$$

pour $x = l$,

$$n_2 = 0;$$

d'où

(11) $$K_2 = -\frac{8\pi i}{\left(\dfrac{dX^2}{dx}\right)_{x=0}}, \qquad K_1 = \frac{8\pi i}{\left(\dfrac{dX^2}{dx}\right)_{x=l}}.$$

Les formules (11) donnent les mobilités à partir de la courbe de distribution du champ électrique. Pratiquement c'est seulement la mobilité positive qu'on peut évaluer par ce procédé, car la chute de potentiel est notable à la cathode et négligeable à l'anode. On trouve ainsi environ 14 cm/sec pour une chute de 1 volt par centimètre. La flamme pure comporte comme gaz Az, H^2O, CO, CO^2, etc. Un ion consistant en une molécule de CO^2 aurait, d'après la théorie cinétique des gaz, une mobilité de 40^{cm}. Donc l'ion positif dans la flamme pure doit être constitué par un assemblage de quelques molécules des gaz présents, retenues par l'attraction de la charge centrale.

5. **Cathode à oxyde alcalino-terreux.** — Si la cathode de platine est recouverte de chaux par vaporisation sur la lame de quelques gouttes d'azotate de calcium, la conductibilité de la flamme est notablement augmentée (Tufts, Dawidson, Moreau).

Voici quelques résultats obtenus avec deux électrodes à 1^{cm} de distance, dans une flamme de bec Bunsen.

V (volts)	100	80	56	20
Cathode couverte (microampères) I....	58	50	39	17
Cathode nue »	0,33	0,29	0,22	0,13

La courbe de conductibilité qui résulte des données suivantes a la forme de la figure 4 :

V....	31	76	112	176	250	333	408	454	512	580
Δ,....	13	24	29	37	45	55	75	100	130	220

$I = 2{,}6\,\Delta$ microampères.

De 0 à 250 volts, elle a la forme habituelle. A partir de 250 volts, elle est rapidement ascendante. La chaux incandescente émet des ions négatifs qui sont lancés dans la flamme et ionisent par chocs.

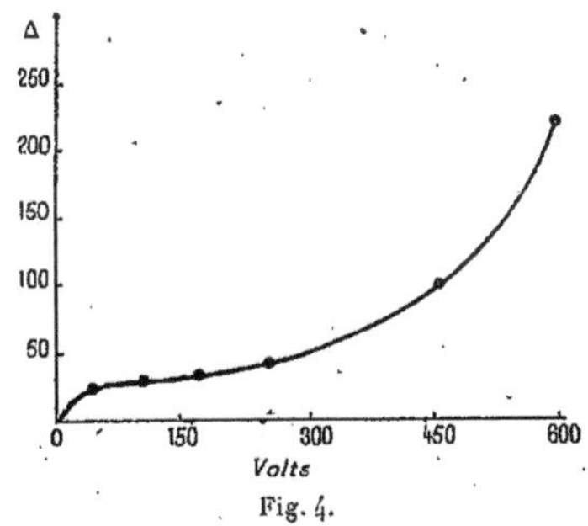

Fig. 4.

L'étude de la distribution du potentiel entre les électrodes montre que la chute cathodique est fortement diminuée pendant que la chute anodique est augmentée. La région de champ uniforme est aussi allongée. Voici (*fig.* 5) des courbes de distribution avec électrode nue (courbe 1) et électrode recouverte de chaux (courbe 2).

Cette seconde courbe présente une partie rectiligne plus longue qui intéresse un plus grand volume de flamme et cela peut entraîner une augmentation de courant.

La formule (8) apprend que si $i - i_0$ diminue par accroissement de i_0, la chute cathodique diminue et le champ se régularise. L'augmentation définitive du courant tient donc aux corpuscules lancés par la chaux incandescente et au plus grand nombre d'ions entraînés par le champ. Mais si $i - i_0$ est faible, c'est surtout l'affux de corpuscules qui donne le courant. L'intensité i peut alors s'exprimer plus simplement que par (8).

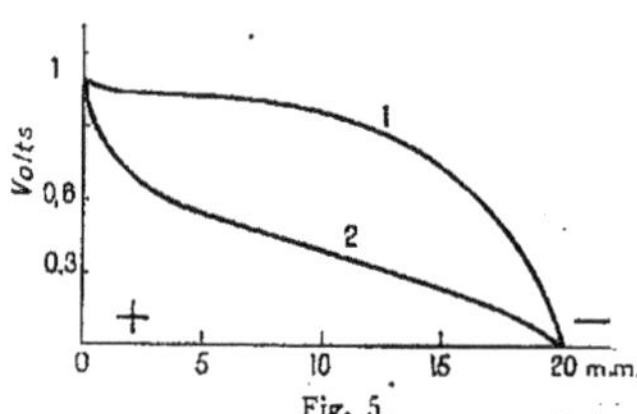

Fig. 5.

Soit J le nombre de charges négatives envoyées par seconde dans la flamme par la surface S de la cathode, X le champ, n et n_0 les densités en ions au voisinage de l'anode et de la cathode, i le courant transporté par les ions négatifs recueillis à l'anode; si l'on néglige la recombinaison des ions positifs et négatifs résultant des collisions, et que α soit le nombre d'ions négatifs produits par chocs sur une longueur de 1^{cm} par un seul ion négatif, on a

$$n = n_0 e^{\alpha d}, \tag{12}$$

d'où

$$i = S n_0 e^{\alpha d} K_2 X.$$

Au voisinage de la cathode, une partie des ions sortis de l'électrode y revient par diffusion; avec

$$J - a S n_0 = n_0 K_2 X S, \tag{13}$$

où

$$a = \frac{c}{\sqrt{6\pi}} \text{ (J.-J. Thomson)},$$

c = moyenne quadratique des vitesses d'agitation des ions [form. (27) et (28)]. Donc

$$S n_0 = \frac{J}{a - K_2 X}$$

et, comme $V = X d$, il vient

$$i = \frac{J K_2 V e^{\alpha d}}{a d - K_2 V}. \tag{14}$$

Cette formule donne bien la courbe (*fig.* 4) avec les valeurs suivantes :

$J = 0,162$ milliampères. $a = 1,42 . 10^5$ cm/sec.

α croît de 0,13 à 1,46 lorsque V passe de 250 à 580 volts par centimètre. Pour les valeurs plus petites que 250 volts, α est nul.

Avec une cathode recouverte de strontiane ou de baryte, on a des résultats identiques. La valeur trouvée pour J se rapporte à une température de 1400 à 1500° absolus. Elle est bien du même ordre que celle qui se calculerait à partir de la formule de Richardson sur le rayonnement électronique des oxydes alcalino-terreux.

Les vapeurs de brome, iode ou chlore, ajoutées aux gaz de la flamme, diminuent la conductibilité. Si l'on pulvérise par exemple de l'eau bromée à concentration variable, on note, à différence de potentiel constante, le courant suivant (Moreau) :

Concentration	1.	$\frac{1}{4}$.	$\frac{1}{8}$.	$\frac{1}{16}$.	$\frac{1}{32}$.	$\frac{1}{64}$.
Δ (bromée)	23	52	63	95	98	120
Δ_0 (pure)	156	152	150	148	165	150

(La concentration 1 correspond à 3g de brome par litre de la solution vaporisée.)

Cette diminution tient à une action de l'halogène sur l'électrode à oxyde de calcium. Elle est accompagnée d'un renforcement du rayonnement lumineux du calcium, les raies rouges et vertes sont intensifiées.

CHAPITRE II.

CONDUCTIBILITÉ D'UNE FLAMME CHARGÉE DE VAPEURS SALINES.

6. **Étude de la conductibilité.** — La présence d'une vapeur saline (alcaline ou alcalino-terreuse) augmente considérablement la con-

ductibilité d'une flamme. En 1869, Hittorf trouve qu'une perle de carbonate de potassium, introduite successivement sous la cathode et sous l'anode, donne un courant plus intense pour la première position que pour la seconde. Avec deux électrodes d'inégale surface, le courant est plus élevé lorsque la plus grande est cathode. On a là un phénomène de conductibilité unipolaire.

Arrhénius étudia la conductibilité d'une flamme salée avec un dispositif analogue à celui de la figure 1 auquel on ajoute un pulvérisateur pour solution saline, par exemple celui qu'a employé Gouy (1879) dans l'étude du rayonnement des flammes (*fig.* 6).

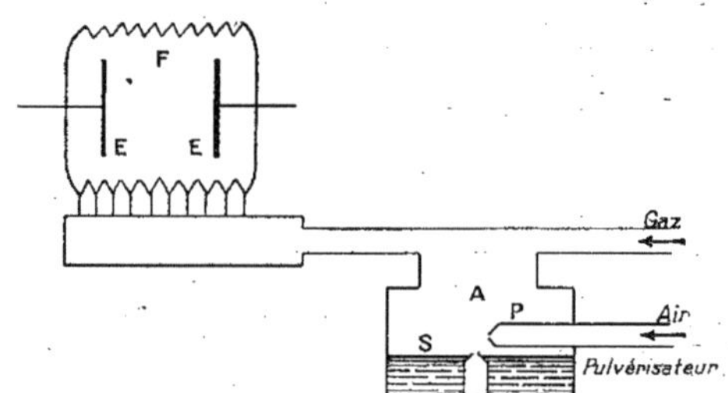

Fig. 6. — P, pulvérisateur; S, solution saline; A, réservoir à gaz; F, flamme; EE, électrodes.

Le courant gazeux se charge de la solution saline pulvérisée et l'entraîne dans la flamme. La concentration de la vapeur saline reste toujours faible : on peut l'évaluer par la quantité de solution enlevée par seconde par le courant de gaz, la section de la flamme et la vitesse d'ascension du gaz de la combustion. On trouve des nombres de l'ordre de 10^{-7} gr de sel par centimètre cube.

7. **Lois d'Arrhénius.** — Arrhénius établit les lois suivantes :

1° La conductibilité d'une flamme salée croît sensiblement comme la racine carrée de la concentration de la vapeur saline (concentration de la solution pulvérisée).

2° Elle est la même pour tous les sels d'un même métal alcalin et elle augmente avec le poids atomique dans l'ordre suivant : lithium, sodium, potassium, rubidium, cæsium.

3° Les autres sels métalliques, sauf les alcalino-terreux, qui sont étudiés plus loin, ne donnent pas de conductibilité sensible.

Voici quelques résultats pour des solutions aqueuses de KI. L'unité de courant est 10^{-8} ampère :

V en éléments (Clark).	Concentration du sel en molécules par litre. 1.	$\frac{1}{4}$.	$\frac{1}{16}$.	$\frac{1}{64}$.	$\frac{1}{256}$.	$\frac{1}{1024}$.	$\frac{1}{4096}$.
1........	540	248	120	52,2	20	6,9	2,7
2........	616	284	139	59,9	23	7,9	2,9
5........	734	360	174	75,8	29,1	10,1	3,7
10........	1009	464	225	99,7	37,4	13	4,7
20........	1340	616	298	130	49,6	17,2	6,3
40........	1920	811	427	186	71,2	24,8	9

Ces résultats montrent que la courbe de conductibilité est celle de la figure 2 pour une concentration donnée, mais qu'elle croît un peu plus vite que la racine carrée de la concentration. On voit aussi que le courant varie comme $\sqrt[2]{V}$ pour les forces électromotrices supérieures à deux éléments Clark.

La loi d'Arrhénius est approximative : on doit encore en restreindre l'application en ce qui concerne les acides des sels; dans le cas des oxysels et des haloïdes on n'a pas la même conductibilité (Smithells, Dawson, H.-A. Wilson).

La différence entre les métaux est élevée, ainsi que le montre le tableau suivant (solution $\frac{1}{1}$ mol/litre) (W.-A. Wilson) :

	Courant : 10^{-8} ampère. Chlorures.			Nitrates.		
Volts....	5,6.	0,795.	0,[illegible]37.	5,6.	0,795.	0,257.
Cæsium........	123	60,5	22,2	303	115	36,6
Rubidium......	41,4	26,4	11,3	213	82,4	25,9
Potassium.....	21	13,4	5,75	68,4	29,3	9,35
Sodium........	3,5	2,45	1,15	3,88	2,67	1,32
Lithium.......	1,3	0,87	0,41	1,47	0,99	0,53

Barnes (1924) trouve que la formule (15), déduite de la théorie de la dissociation à haute température, doit être substituée à celle d'Arrhénius :

$$\frac{Ci}{i^2 - 1} = A + Bi. \tag{15}$$

A et B sont des constantes, fonction de la température de la flamme. On déduit cette température de l'observation de i et de C et on la compare à celle qu'on observe par l'étude du renversement de la raie du sodium. Pour i^2 assez élevé, cette formule donne celle d'Arrhénius :

$$i = M\sqrt[2]{C}. \tag{16}$$

Zachmann (1924) prend comme anode le brûleur lui-même et comme cathode une lame plane entourée d'un anneau de garde. Il trouve que la loi d'Arrhénius est vérifiée et qu'à égalité de concentration la conductibilité augmente comme la racine carrée du poids atomique. Le courant obtenu avec un métal alcalin est indépendant de la présence d'un autre métal, ce qui semble indiquer que les ions sont produits à partir des atomes du métal.

D'après Arrhénius, la vapeur saline est dissociée suivant la formule

$$MCl + H^2O = \overset{+}{M} + \overset{-}{OH} + HCl.$$

L'acide n'est pas conducteur; toutes les vapeurs présentent le même ion négatif OH et le métal comme ion positif; d'où, à égalité de concentration, une même conductibilité pour les sels du même métal. La dissociation a lieu dans le corps de la flamme et la proportionnalité avec la racine carrée de la concentration, indique, d'après la formule d'Ostwald sur la dissociation des solutions, que les vapeurs salines se comportent comme des solutions faiblement ionisées.

La mesure de la masse de l'ion négatif indiquée plus loin montre que cet ion est plus petit qu'une molécule et que l'on doit attribuer l'ionisation au rayonnement corpusculaire du métal. La formule (8) est applicable. Elle apprend que, si le courant n'est pas trop élevé, il est proportionnel à $\sqrt[2]{q}$, c'est-à-dire à la racine carrée de la concentration; s'il est plus élevé il devient proportionnel à $q^{\frac{3}{4}}$, ce qui ne correspond guère à la formule (15).

D'après (8), si q augmente, la chute de potentiel cathodique diminue. La vapeur saline introduit des ions négatifs dans le voisinage de la cathode, diminue la variation de potentiel et régularise le champ dans la flamme; d'où l'explication de la conductibilité unipolaire de la flamme. Une perle de sel introduite sous la cathode provoque une forte augmentation du courant, tandis qu'elle n'agit pas sous l'anode.

La figure 7 donne la courbe de distribution du potentiel dans une

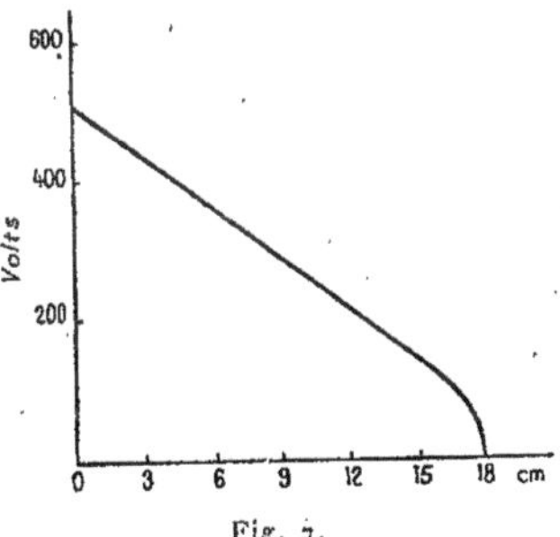

Fig. 7.

flamme de 18^{cm} de longueur avec une perle de carbonate de potassium sous la cathode. La chute dans l'intérieur de la flamme est fortement accentuée, le champ est augmenté et par suite la conductibilité.

8. **Conductibilité avec une cathode recouverte de chaux.** — Dans une flamme, on dispose deux électrodes, dont une cathode recouverte de chaux : elle est chargée de vapeur saline, on constate une augmentation considérable de la conductibilité. Le courant croît rapidement avec la concentration de la solution et tend vers une limite maximum (Moreau).

Voici des nombres obtenus avec une solution de KI. Intensité du courant = 2,6 Δ microampères :

C (molec. par litre).	$\frac{1}{2}$.	$\frac{1}{4}$.	$\frac{1}{64}$.	$\frac{1}{256}$.	$\frac{1}{512}$.	$\frac{1}{1024}$.	$\frac{1}{4096}$.
Δ	175	170	170	140	113	90	44

Δ limite = 178.

Comparée à la conductibilité du carbonate de sodium, on a :

	$\frac{I}{50}$.	γ.	$\frac{1}{\gamma}$.
Rubidium.........	1,2	12	5
Potassium	1,4	6	11,6
Sodium...........	1	1	50
Lithium	1	0,4	125

γ est la conductibilité de la flamme avec électrodes nues. Le courant I a sensiblement même valeur pour tous les sels alcalins.

L'augmentation de la conductibité de la vapeur peut s'expliquer par l'action du rayonnement électronique de l'électrode qui étend le champ uniforme à travers la flamme. La valeur limite peut tenir à deux causes, soit à une dissociation de la vapeur par le flux corpusculaire, soit à une diminution de la mobilité négative à mesure que la concentration s'élève.

9. **Conductibilité des sels alcalino-terreux.** — Lorsqu'on vaporise une solution d'un sel alcalino-terreux dans une flamme avec électrodes de platine nues, on constate que le courant obtenu avec une force électromotrice constante, croît avec le temps.

Avec une solution d'azotate de calcium vaporisée dans une flamme, où un champ de 50 volts/cm est établi, on observe le courant suivant :

τ......	2.	6.	9.	12.	18.	28.	34.	40.	180.
Δ.......	12	17	27	44	72	110	125	149	270

τ = durée de la vaporisation en minutes.

Cette variation tient au dépôt de CaO sur la cathode, dépôt qui rayonne des corpuscules négatifs. Il disparaît par un lavage aux acides. Ce phénomène rend très difficile la mesure de la conductibilité des sels alcalino-terreux observée avec une faible durée τ; elle donne des courants du même ordre que les sels de sodium.

10. **Vapeurs salines et flammes halogénées.** — La conductibilité électrique des vapeurs de sel dans une flamme chlorhydrique a été étudiée par différents observateurs. Les résultats paraissent incertains.

Fredenhagen (1906) trouve la même augmentation de la conductibilité par introduction d'un grain de sel dans la flamme chlorhydrique, la flamme de CO ou la flamme du gaz d'éclairage ordinaire. Franck et Pringsheim (1900) pensent que les ions positifs sont plus mobiles dans la flamme chlorhydrique que les ions négatifs. Smithells, Dawson, H.-A. Wilson, Tufts obtiennent des résultats discordants. Kalandyk (1924) trouve une augmentation. Il introduit directement dans la flamme l'hydrogène et le chlore; ce mélange passe au contact de sable imbibé d'une solution saline et se charge de vapeurs de sel. Il trouve que la conductibilité passe par un maximum pour une certaine concentration. Le même phénomène se produit dans la flamme oxhydrique. L'action de la cathode chaude est prédominante. Le maximum est attribué à une diminution de la mobilité qui résulte d'une plus grande concentration.

Lorsque la flamme du gaz d'éclairage ordinaire, non éclairante, est chargée de vapeur de brome qu'on pulvérise avec une solution saline, deux phénomènes se produisent : une diminution du rayonnement lumineux de la flamme (Bauer) et une augmentation de la conductibilité (Moreau). Le chlore agit de même, on peut l'introduire par pulvérisation de chloroforme ou de chlorure de méthyle.

Le rayonnement lumineux décroît d'abord à peu près linéairement avec la densité du chlore et du brome, et ensuite la diminution est moins rapide (courbe 1, *fig.* 8).

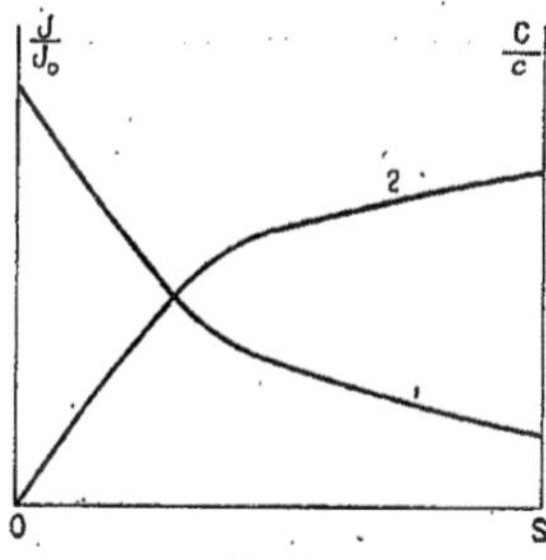

Fig. 8.

La variation de la conductibilité suit les lois suivantes :

1° Pour une flamme de concentration donnée en sel, l'augmentation $\frac{C}{c}$ croît avec la concentration en brome et tend vers une limite maxima.

Exemple : Flamme salée par Na Br (solution à 1 mol/litre). On y pulvérise en même temps une solution aqueuse bromée de concentration S variable (courbe 2, *fig.* 8).

Concentration....	S.	$\frac{S}{2}$.	$\frac{S}{4}$.	$\frac{S}{8}$.	$\frac{S}{16}$.
$\frac{C}{c}$...........	7,6	5,5	4	3,7	2,1

2° Avec le même sel, la conductibilité reste proportionnelle à la racine carrée de la concentration en sel.

3° L'augmentation $\frac{C}{c}$ ne dépend que du métal du sel, mais varie beaucoup avec celui-ci.

Avec la même solution de brome, on a

	$\frac{C}{c}$.
Sodium........................	5,5
Potassium......................	1,1
Rubidium........................	1,27
Lithium........................	1,5

Ce sont les sels de sodium qui subissent l'action la plus élevée.

L'explication doit tenir à la dissociation chimique du sel provoquée par la haute température et à l'ionisation corpusculaire du métal.

Soient l la concentration des atomes de métal chimiquement dissociés dans la flamme, y la concentration des ions Cl ou Br, γ celle du sel non dissocié. On a

$$(17) \qquad ly = \mu\gamma \qquad (\mu = \text{constante de dissociation}).$$

Or

$$\gamma = C - l,$$

d'où

$$l = \frac{\mu(C-l)}{y} = \frac{\mu C}{\mu + y}.$$

On pose

$$y = y_0 + z,$$

où z est la concentration du chlore ou du brome ajoutés, il vient :

$$l = \frac{\mu C}{\mu + y_0 + z}. \tag{18}$$

Supposons que le rayonnement lumineux J soit dû aux atomes de sel dissociés, et soit proportionnel à leur concentration l, on a

$$J = \beta l$$

et

$$J = \frac{J_0}{1 + a z} \tag{19}$$

avec

$$J_0 = \frac{\beta \mu C}{\mu + y_0}, \qquad a = \frac{1}{\mu + y_0}.$$

D'après (19), J diminue donc quand z croît, à peu près linéairement tant que z est petit.

Pour l'ionisation, on a, n étant la densité des ions,

$$n^2 = \alpha(C - l - n) \tag{20}$$

ou sensiblement

$$n^2 = \alpha(C - l),$$

d'où

$$n^2 = \alpha \left\{ C - \frac{J_0}{\beta(1 + a z)} \right\}; \tag{21}$$

n, c'est-à-dire le courant i, augmente quand z croît et tend vers une limite proportionnelle à $\sqrt[2]{C}$.

Ce raisonnement suppose que le rayonnement lumineux est dû aux atomes de métal dissociés chimiquement et que les ions sont produits à partir de ces atomes par rayonnement d'électrons provoqué par la température élevée.

CHAPITRE III.

MOBILITÉS ET MASSES DES IONS DES FLAMMES SALÉES.

11. Mesure des mobilités. — Le passage d'un courant électrique à travers la flamme s'explique par des ions, c'est-à-dire par des édifices moléculaires chargés positivement et négativement qui se déplacent à travers les gaz de la flamme, sous l'action du champ électrique que donne le courant. La mobilité K d'un ion est la vitesse constante acquise dans un champ électrique d'intensité 1, de sorte que la vitesse dans le champ X est KX. On prend habituellement pour X le champ correspondant à une chute de potentiel de 1 volt/cm. Il y a une mobilité positive K_1 et une mobilité négative K_2.

Les premières déterminations des mobilités des ions des flammes chargées de vapeurs salines ont été faites par H.-A. Wilson (1899) et par Moreau (1903).

Voici le procédé employé par ce dernier :

Deux flammes identiques 1 et 2 brûlent côte à côte (*fig.* 9). L'une

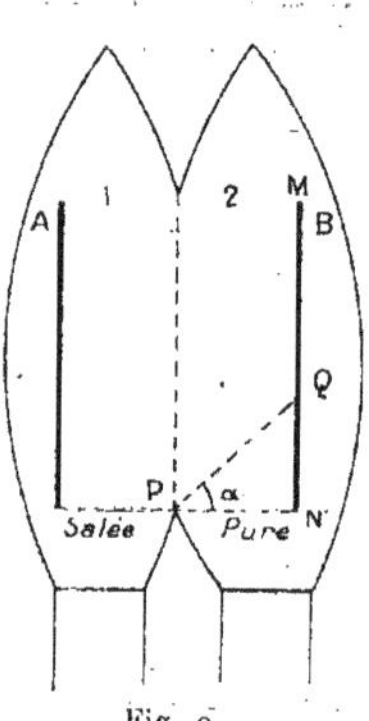

Fig. 9.

est chargée de vapeur saline par pulvérisation d'une solution (flamme 1), l'autre est pure. Un champ électrique est établi à travers les deux flammes entre les électrodes de platine A et B de surface S. Un ion positif ou négatif parti de P décrira à travers la flamme pure une droite PQ, puisqu'il est soumis d'une part à la vitesse verticale d'entraînement du gaz de la flamme V, et à la vitesse horizontale due au champ KX, où X est le champ moyen dans la flamme pure. On a

$$V = KX \tang\alpha. \tag{22}$$

La surface de l'électrode B qui reçoit les ions de la vapeur saline est

$$\sigma = S\frac{MQ}{MN};$$

si

$$MN = h, \qquad PN = d,$$

on a

$$MQ = h - d \tang \alpha$$

ou

$$MQ = h\left(1 - \frac{d}{h}\frac{v}{KX}\right);$$

alors

$$\sigma = S\left(1 - \frac{X_0}{X}\right), \qquad \text{où } X_0 = \frac{dv}{hK}. \tag{23}$$

Si donc n est la densité moyenne des ions dans la flamme salée, le courant i reçu par l'électrode B est

$$i = nSeK\left(1 - \frac{X_0}{X}\right). \tag{24}$$

On suppose uniforme le champ établi entre A et B. On a vu que l'introduction d'une vapeur saline au contact de la cathode diminuait la chute cathodique. Si V est la différence de potentiel entre les deux électrodes, V_0 celle qui correspond au champ X_0 et D la distance des deux électrodes, on a

$$i = \frac{nSeK}{D}(V - V_0). \tag{25}$$

La courbe qui représente l'équation (25) a la forme suivante (*fig.* 10).

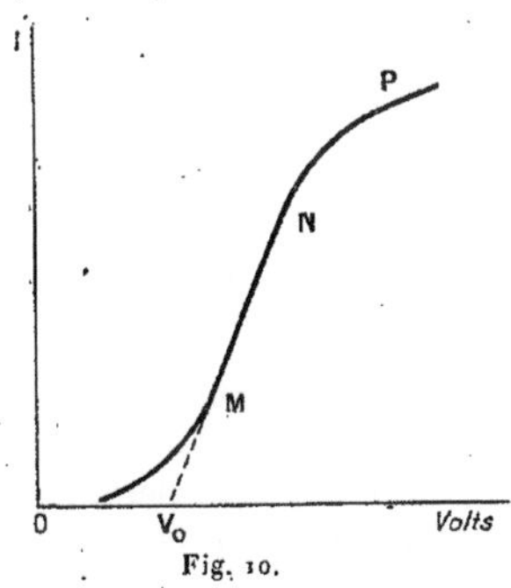

Fig. 10.

Une première partie irrégulière OM qu'on doit attribuer à la diffusion des ions de 1 vers 2, et l'autre MX qui part de V_0. On peut ainsi avoir V_0, c'est-à-dire la mobilité positive ou négative, par la formule

$$K = \frac{dDv}{hV_0}$$

Dans le procédé Wilson, les électrodes sont disposées horizontalement dans la flamme; elles sont des toiles de platine entre lesquelles on dispose une perle de sel alcalin et l'on cherche le champ qui permet aux ions d'un signe d'aller à l'encontre des gaz de la flamme. Ce dispositif paraît inférieur au précédent parce que la circulation du gaz de la flamme est troublée par les électrodes et que celles-ci sont à des températures différentes.

J'ai mesuré la vitesse v du gaz de la flamme en lançant dans celle-ci, horizontalement, un mince filet d'air chargé de sel marin par barbotage dans une solution concentrée. Il s'établit une trace jaunâtre qui s'élève plus ou moins rapidement suivant la vitesse d'ascension. On mesure l'angle α de la trace avec l'horizon, de la vitesse du courant d'air on déduit v. Le résultat est de l'ordre de 70 cm/sec.

Wilson évalue v par la vitesse du gaz dans les tuyaux d'arrivée du brûleur et par la section de la flamme.

Gold (1907) se sert d'une méthode stroboscopique. Un miroir plan est fixé à l'une des branches d'un diapason qui vibre horizontalement. On regarde dans ce miroir l'image de particules brillantes qui sont transportées par les gaz ascendants. Cette image décrit sensiblement une sinusoïde qu'on photographie, d'où l'on tire $v = \frac{\lambda}{T}$, où λ est la longueur d'onde donnée par la courbe, T la période du diapason.

12. **Résultats.** — Voici des résultats obtenus avec les sels de potassium et de sodium (Moreau) :

1° La mobilité de l'ion négatif est, pour une concentration donnée, indépendante du radical acide du sel. Elle augmente à mesure que la concentration diminue et tend vers 1350 cm/sec.

2° Elle varie en raison inverse de la racine carrée du poids atomique du métal.

3° La mobilité de l'ion positif est notablement plus faible que celle de l'ion négatif.

Ions négatifs :

Concentration (nombre de mol. de sol. vap. par litre)	1.	$\frac{1}{4}$.	$\frac{1}{16}$.	$\frac{1}{64}$.	$\frac{1}{256}$.
Sels de sodium (cm)......	800	1040	1280	»	»
Sels de potassium (cm)...	660	785	995	1180	1320

Ion positif : 80 cm/sec pour les sels de potassium et de sodium.
H.-A. Wilson a trouvé :

Ions négatifs	1000 cm/sec
Ions positifs	62 »

J'ai repris en 1912 la mesure de la mobilité positive en me servant d'une cathode recouverte de chaux qui régularise le champ dans la flamme pure. J'ai obtenu les résultats suivants :

Sels de :	cm
Rubidium	13
Potassium	13
Sodium	12,7
Lithium	9,2
Calcium	14
Strontium	9
Baryum	9

La moyenne de ces mobilités est 12^{cm}.

Gold (1907) a étudié la mobilité négative par un procédé identique à celui qui m'a servi. Le champ électrique est étudié dans les deux flammes. La flamme salée contient une perle de sel sous la cathode. Elle n'est pas uniformément remplie de vapeur comme par une solution pulvérisée. Il en résulte une inégalité de température et une hétéréogénéité dans la flamme qui sont nuisibles aux mesures. Gold trouve 13 000 cm/sec.

En 1900, par l'étude de l'effet Hall, Marx trouve que la mobilité négative varie de 1020^{cm} (flamme pure) à 380^{cm} pour une flamme chargée de KCl (2 fois normale). En outre, le coefficient de Hall est inverse de la racine carrée du poids atomique. Ces résultats concordent avec les miens.

Wilson en 1914, Watt en 1925, par l'effet Hall, trouvent des nombres compris entre 1500 cm/sec et 2700 cm/sec.

Wilson et Bryan (1924), en étudiant l'action des champs de haute fréquence sur la conductibilité de la flamme, trouvent une mobilité variant de 6000^{cm} à 28 000. Elle diminue avec le champ moyen, la concentration et la fréquence,

Heaps en 1916, dans l'action du champ magnétique sur la conductibilité d'une flamme, trouve 8300^{cm} à $20\,000^{cm}$. Il y a lieu de remarquer que les deux derniers phénomènes sont traduits par des formules très hypothétiques, ce qui enlève de la valeur aux grandeurs numériques qu'on en déduit.

Boucher (1925), par la mesure de l'effet Hall sur des flammes diverses, trouve des mobilités de l'ordre de 2000 cm/sec. Dans la flamme hydrogène-air les nombres sont compris entre 3900 et 5100. Si l'on y ajoute du $CHCl^3$ ou CCl^4, la mobilité descend jusqu'à 1100^{cm}. Avec gaz d'éclairage, air et chloroforme, la mobilité diminue de 3690 à 384^{cm}. Avec air, hydrogène, chlore, la mobilité peut tomber à 50^{cm}. Il semble bien que le chlore diminue les mobilités. Quoi qu'il en soit on est loin des mobilités dépassant $10\,000^{cm}$ comme l'ont trouvé certains auteurs. C'est donc plutôt les résultats de l'ordre de 1000^{cm} à 2000^{cm} que doivent représenter les mobilités de l'ion négatif, avec une certaine marge due à la différence des températures des milieux.

13. **Mesure de la masse des ions.** — La masse des ions a pu être mesurée par le procédé suivant :

Deux flammes brûlent côte à côte, séparées par une toile métallique à mailles très fines T. L'une d'elles A est chargée de vapeurs salines par pulvérisation, l'autre B est pure. Il y a diffusion de la vapeur de A vers B à travers la toile métallique. A et T sont réunis métalliquement; entre B et T on établit dans la flamme B un champ électrique qui entraîne les ions diffusés sur l'électrode B (*fig.* 11).

Soient :

P le nombre d'ions envoyés par seconde et centimètre carré de A vers B;
n la densité des ions dans B;
S la surface utile de la toile.

On a, d'après (13),

$$P - \alpha n = n K X; \quad (26)$$

d'où

(27) $$n = \frac{P}{a + KX} \qquad \text{avec } a = \frac{c}{\sqrt{6\pi}} \quad [\text{form. (13)}].$$

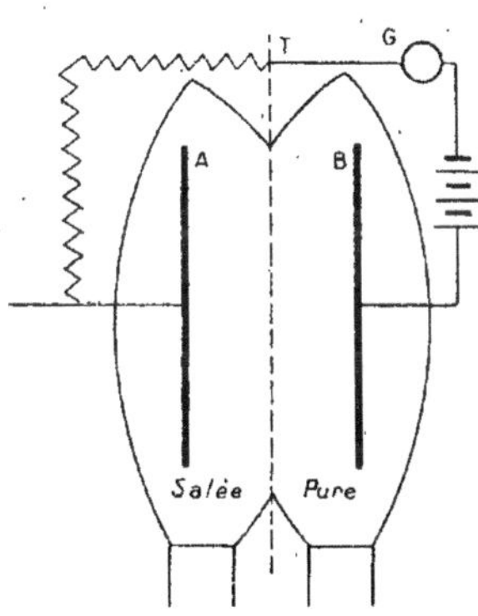

Fig. 11.

Si m est la masse de l'ion, α_0 la constante d'énergie moléculaire, soit $1,77 \cdot 10^{-16}$ erg, il vient

(28) $$mc^2 = 2\alpha_0 T.$$

Si la différence de potentiel établie dans la flamme B est V et que d soit la distance de la toile à l'électrode, on a, d'après (26),

(29) $$i = n\,KS\frac{V}{d} = \frac{KVSP}{ad + KV}$$

ou

(30) $$i = \frac{V}{B + AV}$$

avec

(31) $$A = \frac{1}{SP}, \qquad B = \frac{ad}{KSP}, \qquad \frac{B}{A} = \frac{ad}{K}.$$

Si l'on tient compte du mouvement d'ascension des gaz de la flamme, on a, d'après (25),

(32) $$i = \frac{V - V_0}{B + AV}$$

avec

$$V_0 = \frac{vd^2}{hK},$$

h est la hauteur de l'électrode B, v est la vitesse du gaz de la flamme.

L'équation (32) est complètement vérifiée par l'observation.

Exemple. — Ion positif. Le champ X est établi entre la toile et l'électrode B. On vaporise dans A une solution normale de carbonate de sodium; i est évalué en divisions de l'échelle du galvanomètre, chacune équivalent à 3 microampères.

V (volts)	537	443	355	275	185	152	94
$i_{obs.}$	64	64	55	54	40	30	20
$i_{calc.}$	65	61	56	50	39	30	20

Formule de calcul :

(33) $$i = \frac{V - 40}{1,6 + 0,0112\,V}.$$

De cette formule on déduit A et B, d'où $\frac{a}{k}$ d'après (31) et la masse de l'ion d'après (28).

Les observations sont rapportées à la température de 1400° absolus, qui est celle de la flamme au voisinage de la toile métallique. On a :

Ion positif......	$K = 12^{cm}$	$m = 8\ .10^{-22}$ gr
Ion négatif......	$K = 1200^{cm}$	$m = 0,7.10^{-25}$ gr

Si l'on considère l'ion positif comme formé de molécules salines retenues par attractions autour d'un centre positif, il paraît constitué par un assemblage de 3 à 10 molécules suivant le sel (la molécule de NaCl a une masse de 10^{-22} gr). L'ion négatif a une masse beaucoup plus petite, intermédiaire entre le corpuscule $0,8.10^{-27}$ gr et l'atome d'hydrogène $1,43.10^{-24}$ gr.

La théorie cinétique du gaz donne pour la mobilité des corpuscules dans les flammes, suivant la formule à laquelle on s'adresse [Thomson, Langevin], des nombres variant entre 4000 et 20 000 cm/sec, soit une moyenne de 10 000 cm/sec, dix fois plus élevée que celle déduite du plus grand nombre des mesures. Pour expliquer l'écart, on peut admettre que pendant son parcours dans la flamme, l'ion négatif n'a qu'une vie limitée comme corpuscule. A la suite de chocs avec les molécules, il s'en attache quelques-unes qu'il conserve pendant quelques libres parcours pour les abandonner à la suite d'un choc plus violent. On observera pour cette raison une masse et une mobilité moyennes.

On peut expliquer ainsi le fait que la mobilité négative diminue quand la concentration du sel croît, car l'ion s'attache plus ou moins de molécules de vapeur salines suivant leur nombre par centimètre cube.

14. Conductibilité des flammes pour les courants de haute fréquence. — L'étude de cette conductibilité donne un procédé de mesure de la mobilité négative des ions d'une flamme (H.-A. Wilson, Gold, Bryan).

Soit un condensateur AB dans un gaz ionisé où les ions négatifs sont beaucoup plus mobiles que les ions positifs (*fig* 12). Supposons qu'entre A et B existe une différence de potentiel alternative

$$V = V_0 \sin \omega t. \tag{34}$$

Le plateau A étant à zéro et B au potentiel V. Si l'on admet que les ions positifs sont immobiles vis-à-vis des ions négatifs, ceux-ci

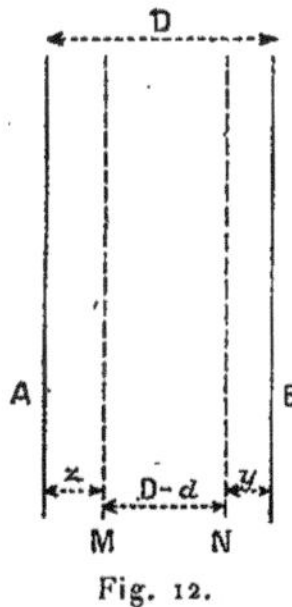

Fig. 12.

vont osciller autour de leur position moyenne; ceux qui n'atteindront pas les électrodes pendant leur oscillation sont compris entre deux plans M et N distants de $D - d$, où $d = 2$ fois l'amplitude maxima d'un ion.

A l'instant t, les deux plans auront une position M et N telle que

$$AM = z, \quad BM = y \quad \text{avec } z + y = d.$$

De A en M, l'accroissement de potentiel est V_1, il est de V_3 de M en N et V_2 de N en B.

Entre M et N il y a autant d'ions positifs que d'ions négatifs, alors le champ est uniforme et égal à X_0. On a

$$V_3 = -X_0(D - d). \tag{35}$$

D'ailleurs de A en M

$$\frac{d^2 v}{dx^2} = -4\pi\rho \quad \text{avec } \rho = ne; \tag{36}$$

v, potentiel dans la tranche x; n, densité des ions positifs; e, charge d'un ion. Il vient

$$v = -2\pi\rho x^2 + Cx + D.$$

Pour $x = 0$,

$$v = 0;$$

pour $x = z$,

$$v = V_1, \qquad \left(\frac{dv}{dx}\right)_z = -X_0;$$

on tire

$$V_1 = 2\pi\rho z^2 - X_0 z. \tag{37}$$

Pour NB, on a de même

$$v = -2\pi\rho x^2 + C'x + D',$$

$$\frac{dv}{dx} = -4\pi\rho x + C'.$$

Pour $x = D$,

$$v = V;$$

pour $x = D - y$,

$$v = V_1 + V_3, \qquad \left(\frac{dv}{dx}\right) = -X_0.$$

En tenant compte de (35) et (37), il vient

$$V = -X_0 D + 4\pi\rho\, du, \tag{38}$$

où

$$z - \frac{d}{2} = u.$$

En remplaçant X_0 par X, cette équation s'écrit

$$V = -XD + 4\pi\rho\, du. \tag{39}$$

On y ajoute les deux relations

$$\frac{du}{dt} = -\mathrm{K}_2 \mathrm{X}, \tag{40}$$

$$j = -\rho \frac{du}{dt} + \frac{1}{4\pi} \frac{d\mathrm{X}}{dt}; \tag{41}$$

K_2, mobilité négative; j, courant par centimètre carré.

Pour trouver la solution des équations précédentes, on pose

$$\mathrm{V} = \mathrm{V}_0 e^{ipt}, \qquad j = j_0 e^{ipt} \qquad (i = \sqrt[2]{-1}).$$
$$\mathrm{X} = \mathrm{X}_0 e^{ipt}, \qquad z_1 = 4\pi\rho \mathrm{K}_2;$$

il vient

$$\left\{\begin{aligned} j &= \frac{\mathrm{V}_0 p}{4\pi} e^{i(pt+\gamma)} \sqrt[2]{\frac{z_1^2 - p^2}{(z_1 d)^2 + p^2 \mathrm{D}^2}}, \\ \tang\gamma &= \frac{z_1^2 d - p^2 \mathrm{D}}{z_1 p(\mathrm{D} - d)}, \\ \mathrm{X} &= \frac{\mathrm{V}_0 p\, e^{i(pt+\alpha)}}{\sqrt[2]{p^2 \mathrm{D}^2 - z_1^2 d^2}}, \\ \tang\alpha &= \frac{z_1 d}{p\mathrm{D}}. \end{aligned}\right. \tag{42}$$

Si une différence de potentiel alternative $\mathrm{V}_0 e^{ipt}$ agit sur un condensateur de capacité C_1 avec, en série, une résistance R_1, le courant est

$$j' = \frac{\mathrm{V}_0 e^{i(pt+\gamma')}}{\sqrt[2]{\mathrm{R}_1^2 + \left(\frac{1}{\mathrm{C}_1 p}\right)^2}} \quad \text{et} \quad \tang\gamma' = \frac{1}{\mathrm{R}_1 p \mathrm{C}_1}. \tag{43}$$

Comparant (42) et (43), il vient, S étant la surface de ses armatures,

$$\left\{\begin{aligned} \mathrm{C}_1 &= \frac{\mathrm{S}}{4\pi} \left\{ \frac{z_1^2 + p^2}{z_1^2 d + p^2 \mathrm{D}} \right\}, \\ \mathrm{R}_1 &= \frac{4\pi z_1 (\mathrm{D} - d)}{\mathrm{S}(z_1^2 + p^2)}. \end{aligned}\right. \tag{44}$$

On pose

$$\mathrm{C}_0 = \frac{\mathrm{S}}{4\pi \mathrm{D}}, \qquad \mathrm{F} = \frac{d}{\mathrm{D}};$$

on a

$$\left\{\begin{aligned} \mathrm{F} &= \frac{\mathrm{C}_0}{\mathrm{C}_1} \left[1 + \frac{p^2}{z_1^2} \right] - \frac{p^2}{z_1^2}, \\ \frac{\mathrm{C}_1 - \mathrm{C}_0}{\mathrm{R}_1 \mathrm{C}_1 \mathrm{C}_0} &= z_1. \end{aligned}\right. \tag{45}$$

On mesure C_1 et R_1, d'où Z_1, F et d.

D'ailleurs.

$$d = K_2 V_0 \int_0^{\frac{T}{2}} X \, dt, \tag{46}$$

d'où

$$K_2 = \frac{FD^2}{2 V_0} \sqrt[2]{p^2 - \pi^2 F^2}. \tag{47}$$

d'où l'on tire K_2.

Bryan (1924) a mesuré C_1 et R_1 avec le dispositif suivant :

Dans un circuit soumis à un oscillateur O (*fig.* 13) on dispose en

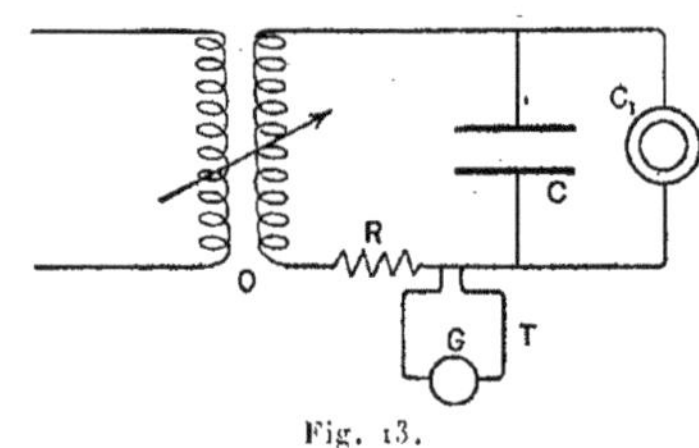

Fig. 13.

parallèle la flamme C_1 avec des électrodes cylindriques et un condensateur réglable à air C. Un galvanomètre G et un couple thermo-électrique renseignent sur la grandeur du courant induit. On cherche la capacité C_0 à donner à C pour avoir la résonance sans la flamme, puis la capacité C_1 pour l'avoir avec une flamme chargée de sel. De même pour obtenir la valeur de la résistance apparente R_1 en se servant de la résistance R.

Avec une solution de K^2CO^3 à 1^g par litre et une fréquence de 2.10^5 à 10^6, on trouve, avec un champ variable, une résistance apparente qui varie de 3000 à 6000 ohms et une capacité comprise entre 10 et 75 microfarads (hauteur des électrodes, 2^{cm}; intervalle des électrodes, $0^{cm},5$; ρ varie de 0,025 à 1^{cm} et K_2 de 6000 à 28000 cm/sec. La mobilité décroît quand le champ moyen augmente; elle diminue lorsque la concentration s'élève et lorsque la fréquence décroît.

Comme par l'action du champ magnétique sur la conductibilité qu'on examine plus loin, on trouve pour la mobilité des valeurs plus élevées que par les autres méthodes. De nouvelles recherches seraient nécessaires pour confirmer cette différence.

CHAPITRE IV.

ACTION DU CHAMP MAGNÉTIQUE SUR UNE FLAMME.

On étudiera l'effet Hall, la modification de la conductibilité et le magnétisme des flammes.

15. Effet Hall. — L'effet Hall consiste dans la production d'un champ électrique transversal perpendiculaire au champ magnétique et au champ électrique primaire établis dans la flamme.

Soient X le champ électrique primaire, H le champ magnétique, le plan XOy étant supposé horizontal (*fig.* 14). Les ions positifs sont

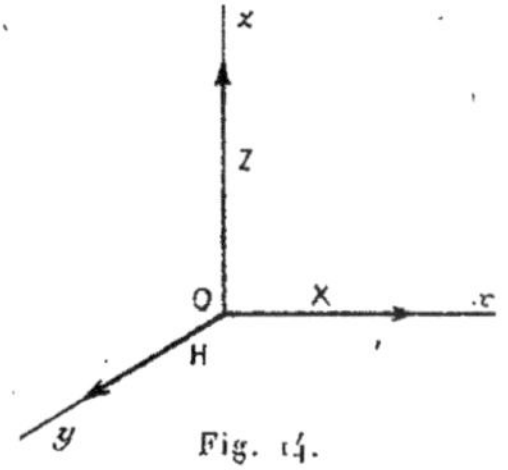

Fig. 14.

entraînés parallèlement à Ox et les ions négatifs en sens inverse. Le champ magnétique H dirigé suivant Oy exerce sur chaque ion porteur de sa charge e une action électromagnétique parallèle à Oz, d'où un déplacement électrique correspondant. Soit Z le champ qu'il faut faire agir suivant Oz pour annuler ce déplacement, N et P étant les nombres d'ions négatifs et positifs entraînés par centimètre carré, v la vitesse d'ascension des gaz de la flamme, n_2 et n_1 les densités des ions.

Ions négatifs...... $N = n_2 K_2^2 X H - n_2 K_2 Z + n_2 v$

Ions positifs...... $P = n_1 K_1^2 X H + n_1 K_1 Z + n_1 v$

On néglige les chutes de pression des ions corrélatives du déplacement et l'on prend $n_1 = n_2$. En écrivant que $N = P$, afin d'annuler le déplacement électrique, il vient

$$Z = XH(K_2 - K_1). \tag{48}$$

Le coefficient de Hall est $\frac{Z}{XH}$, soit

$$R = K_2 - K_1;$$

K_1 étant petit vis-à-vis de K_2, on a sensiblement

$$R = K_2. \tag{49}$$

Le coefficient de Hall égale la mobilité négative.

L'effet Hall dans les flammes Bunsen a été étudié par Marx (1903). Les électrodes, donnant le champ primaire X, sont des toiles métalliques disposées l'une au-dessus de l'autre dans la flamme. Leur distance est de 2 à 3^{cm}. La flamme est disposée entre les pôles d'un électro-aimant et le champ Z, mesuré avec deux fils de platine en relation avec un électromètre.

Les résultats suivants sont obtenus avec une solution de KCl :

	− R.
	cm
Flamme pure	1018
0,125 mol/litre	824
0,5 »	426
2 »	378
3,8 »	375

Les mobilités négatives correspondantes sont bien du même ordre que celles trouvées précédemment (Chap. III, 12) et elles décroissent lorsque la concentration s'élève. Elles sont cependant un peu plus faibles, mais il faut remarquer que la formule (48) n'est qu'approchée puisqu'on a supposé $n_1 = n_2$ et négligé les chutes de pressions.

Voici les valeurs trouvées avec des solutions fortement concentrées de sels de métaux différents :

	cm
Cæsium	172
Rubidium	270
Potassium	372
Sodium	506
Lithium	786

Ces nombres sont *inversement proportionnels à la racine carrée du poids atomique du métal*, ce qui correspond bien au résultat que j'ai trouvé sur la mobilité négative.

Dans les expériences de Marx, la flamme est moins large que les armatures de l'électro, aussi les bords peuvent intervenir pour diminuer les résultats en établissant un pont entre les électrodes principales et les électrodes secondaires.

Wilson a refait des mesures avec une flamme plus large; il a trouvé que l'effet Hall ne dépend pas de la concentration, ni de l'espèce de sel. Il trouve

$$R = K_2 = 2450 \text{ cm/sec.}$$

Watt (1925) obtient :

1° Flamme pure : K_2 varie de 2660 cm/sec à 1570 quand X varie de 4,9 à 31,5 volts par centimètre;

2° Flamme salée avec carbonate de potassium : K_2 varie de 2640 à 1580 cm/sec quand X varie de 0,76 à 32 volts.

L'effet Hall diminuerait quand le champ augmenterait.

Boucher, en 1925, a étudié les flammes chlorées, il constate une diminution notable du coefficient R par l'introduction du chlore. Avec une flamme obtenue par la combustion d'un mélange d'air et d'hydrogène chargé de chlore par son passage à travers chloroforme ou chlorure de carbone, la mobilité passe de 3700 à 360 cm/sec. Si l'on ajoute du chlore au combustible, la mobilité peut descendre jusqu'à 50^{cm}. Elle diminue vraisemblablement par attraction des atomes de chlore.

16. Action du champ magnétique sur la conductibilité de la flamme. — Lorsqu'une flamme d'un bec Bunsen est soumise à un champ magnétique transversal, la conductibilité de la flamme est diminuée et sa résistance apparente augmentée.

H.-A. Wilson se sert de 12 flammes brûlant côte à côte sur une longueur de 14^{cm}, une hauteur de 6^{cm} et une épaisseur de 2^{cm} (*fig.* 1). Un courant traverse horizontalement les flammes entre deux électrodes de platine; la chute de potentiel entre celles-ci était mesurée par deux fils de platine distants de 7^{cm} et reliés à un voltmètre. Les flammes sont disposées entre les pièces polaires d'un électro-aimant. Une perle de K^2CO^3 est placée sous l'électrode négative afin de diminuer la chute de potentiel et de régulariser le champ. Le rapport de la différence de potentiel observée entre les fils, à l'intensité du courant, donne la résistance. Pour un champ $X = 10^9$ E. M., on trouve

$$\frac{\delta R}{R} = 1,5 . 10^{-5} H + 3,1 . 10^{-9} H^2. \tag{50}$$

L'explication du phénomène a été tentée par H.-A. Wilson (1909).

Supposons le champ électrique parallèle à Ox et le champ magnétique parallèle à Oy; la flamme brûle verticalement parallèlement à Oz (*fig.* 14).

Le champ électrique parallèle à Ox est diminué par un champ induit HV provoqué par le déplacement vertical des ions négatifs, avec la vitesse V des gaz de la flamme.

On a i_H et i_0 les courants observés avec et sans champ magnétique, K'_2 la mobilité négative dans le champ, et K_2 en l'absence du champ. Il vient

$$\left\{ \begin{array}{l} i_H = ne K'_2(X - HV), \\ i_0 = ne K_2 X. \end{array} \right. \tag{51}$$

Si l'on pose

$$\delta K_2 = K'_2 - K_2, \qquad \delta i = i_H - i_0,$$

il vient

$$\frac{\delta i}{i_0} = \frac{\delta K_2}{K_2} - \frac{HV}{X}, \tag{52}$$

d'où

$$\frac{\delta R}{R} = -\frac{\delta K_2}{K_2} + \frac{HV}{X}. \tag{53}$$

Soit λ le chemin de libre parcours moyen avec champ magnétique nul, on a (Langevin)

$$K_2 = \frac{e}{m} \frac{\lambda}{v};$$

m, masse de l'ion; v, vitesse moyenne d'agitation. Il vient

$$\frac{\delta \lambda}{\lambda} = \frac{\delta K_2}{K_2}. \tag{54}$$

Soient plus particulièrement v la vitesse comptée parallèlement à Ox, θ l'angle du champ H avec Ox, l'ion, qui dans le champ nul décrit une droite de longueur λ entre deux chocs successifs, va décrire un cercle de rayon r, on a

(55) $$\frac{1}{r} = \frac{He \sin\theta}{mv}.$$

Le chemin λ étant considéré comme la corde du cercle de rayon r, λ_1 étant comptée suivant le cercle, on a

$$\lambda = 2r \sin\frac{\lambda_1}{2r}$$

avec $\frac{\lambda_1}{2r}$ petit; il vient

$$\frac{\lambda_1 - \lambda}{\lambda} = \frac{\delta\lambda}{\lambda} = -\frac{\lambda^2}{24r^2},$$

d'où

(56) $$\frac{\delta\lambda}{\lambda} = -\frac{1}{24}\frac{H^2 e^2 \sin^2\theta . \lambda^2}{m^2 v^2}.$$

La valeur moyenne de $\sin^2\theta$ est $\frac{2}{3}$, celle de v^2 est $\frac{v_m^2}{3}$. D'ailleurs, si l'on pose

$$K_2 = \frac{e}{m}\frac{\lambda}{v_m},$$

il vient

(57) $$\frac{\delta K_2}{K_2} = \frac{\delta\lambda}{\lambda} = -\frac{1}{12} K_2^2 H^2.$$

On a, en définitive,

(58) $$\frac{\delta R}{R} = \frac{HV}{X} + \frac{1}{12} K_2^2 H^2.$$

Comparée à la formule (50), il vient

(59) $$\frac{V}{X} = 1,5.10^{-5},$$

(60) $$K_2^2 = 3,1 \times 12.10^{-9}.$$

De (59) avec $X = 10^9$, on tire

$$V = 1,5.10^4 \text{ cm/sec},$$

soit une valeur 100 fois plus élevée que la vitesse expérimentale.

La formule (60) donne $K_2 = 19\,000$ cm/sec pour un champ de 1 volt/cm. Cette vitesse est notablement plus élevée que la valeur moyenne indiquée avant. Elle aurait pour conséquence que l'ion négatif serait un électron pendant le parcours de la flamme.

Des recherches ont été faites par Heaps (1916). Elles ont donné :

X (volts/cm).	$\frac{\delta i}{i}$.	K_2.
19............	0,09	8 300 cm/sec
31............	0,29	15 000 »
69............	0,54	20 000 »
125............	0,52	20 000 »
168............	0,50	20 000 »

K_2 augmenterait avec le champ X.

La théorie précédente n'est qu'approximative. Il y a sous l'action du champ des variations de pression des ions dont il n'est pas tenu compte et qui ont pour effet de diminuer la valeur de K_2. D'ailleurs les auteurs ne sont pas d'accord. Heaps attribue au coefficient de H^2 dans la formule la valeur K_2^2. D'après J.-J. Thomson, qui a calculé l'action d'un champ magnétique sur la conductibilité d'un métal, c'est $\frac{1}{3}K_2^2$. Si l'on se servait de ces expressions pour déduire K^2 des résultats de Wilson, on trouverait une mobilité 3,5 et 2 fois plus faible. On doit donc se contenter d'indiquer le phénomène sans en donner une explication exacte.

17. **Magnétisme des flammes.** — De très anciennes expériences ont démontré que les flammes sont fortement diamagnétiques (Bancalari, Faraday, Plücker, Chautard). Une flamme de bougie placée dans un champ magnétique établi entre pièces polaires coniques est diminuée suivant la direction verticale et élargie au-dessus des pôles dans la direction équatoriale. Une flamme d'éther est divisée en deux par un champ magnétique; il en est de même des flammes de soufre, phosphore, alcool, hydrogène.

Quelques mesures de la susceptibilité magnétique d'une flamme Bunsen pure, ou chargée de sel, ont été faites par le procédé suivant (Moreau) :

Un petit cylindre de platine ou de palladium est supporté par une balance de torsion qui mesure une petite force verticale f qui agira sur lui. Cette force est produite par un champ magnétique non uniforme établi entre les pôles d'un fort électro, dont les lignes de force sont, dans la région moyenne, perpendiculaires à l'axe du cylindre (*fig.* 15).

La force f est donnée par la formule

$$f = K v \frac{H_1^2 - H_2^2}{2\lambda}, \tag{61}$$

où K est la susceptibilité apparente du métal, dans le milieu qui entoure le cylindre, v son volume, λ sa longueur, H_1 et H_2 les valeurs du champ aux extrémités A et B du cylindre. On a

$$K = \alpha - a; \tag{62}$$

α, susceptibilité absolue du corps A ; a, susceptibilité du milieu.

On mesure la force f dans l'air à la température ordinaire, puis dans la flamme qu'on fait brûler entre les pôles de l'électro, soit f_0

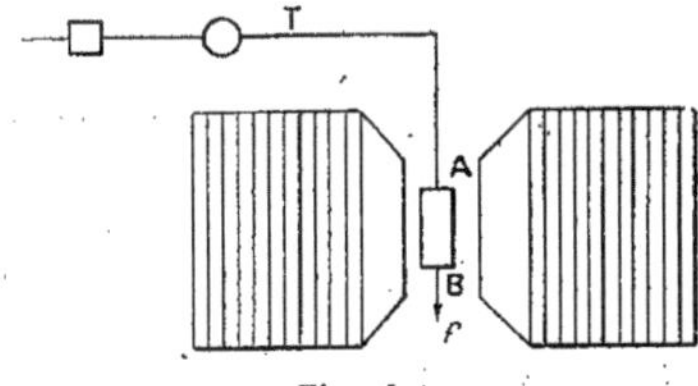

Fig. 15.

et f. On a d'après (61), en ayant soin de placer le corps AB dans la même situation dans le champ,

$$\frac{f}{f_0} = \frac{K}{K_0} \frac{v}{v_0} \frac{\lambda_0}{\lambda}. \tag{63}$$

Posons

$$K_0 = \alpha_0 - a.$$
$$K = \alpha - x;$$

α_0, susceptibilité absolue du corps A à la température ordinaire ;
a, susceptibilité absolue de l'air à la température ordinaire ;
α, susceptibilité absolue de AB dans la flamme ;
x, susceptibilité absolue de la flamme.

En admettant que le corps suive la loi de Curie

$$\alpha = \alpha_0 \frac{T_0}{T}, \tag{64}$$

on a sensiblement, avec $\frac{\rho}{\rho_0}\frac{\lambda_0}{\lambda} = 1$,

$$\frac{x}{\alpha_0} = \frac{T_0}{T} - \left(1 - \frac{\alpha}{\alpha_0}\right)\frac{f}{f_0}.$$

Avec le cylindre de palladium, cette formule donne

$$\frac{x}{\alpha_0} = \frac{T_0}{T} - 0,98\frac{f}{f_0}. \tag{65}$$

Pour la flamme pure on trouve, avec $\alpha_0 = 58,9.10^{-6}$,

$$x = -1,77.10^{-6}.$$

Le coefficient d'aimantation spécifique est

$$X = \frac{x}{D}, \tag{66}$$

où D est la masse de l'unité de volume des gaz de la flamme. Pour calculer D on peut admettre que le gaz exige en moyenne sept fois son volume d'air pour une combustion complète; 1^{cm^3} de la flamme renferme, à 2000°, $\frac{1}{8}$ de gaz d'éclairage, $\frac{7}{8}$ d'air; donc

$$D = \left(\frac{1}{8} \times 0,4 + \frac{7}{8}\right)\frac{1,3}{10^3} \times \frac{273}{2000} = 0,15.10^{-3}, \tag{67}$$

d'où

$$X = -1,2.10^{-2}.$$

Le diamagnétisme de la flamme est donc 1000 fois plus élevé que celui du bismuth à température ordinaire qui s'élève à $13,25.10^{-6}$.

Avec une flamme chargée de vapeur saline, on trouve, quel que soit le sel, une valeur sensiblement égale à celle de la flamme pure.

Avec NaCl et RbCl (1 mol/litre),

$$x = -1,42.10^{-6}.$$

Avec une flamme chargée de chlore par le passage du gaz combustible à travers un liquide convenable et un équipage de platine, on trouve :

Chloroforme	$x = -6,15.10^{-6}$
Chlorure de carbone	5,01
Oxychlorure de carbone....	3,06

Le chlore provoque un accroissement notable de la susceptibilité.

De même, avec une flamme chargée de CS^2, on a

$$x = -4.09.10^{-6},$$

soit encore une notable augmentation.

Dans ces expériences la température de l'équipage A est comprise entre 1200° et 1300° absolus.

CHAPITRE V.

COUPLES A FLAMMES.

On peut réaliser avec des flammes pures ou salées des couples analogues aux piles voltaïques à un ou deux liquides ou aux piles à concentration (Moreau).

18. Couples à une seule flamme. — La combinaison la plus simple est la suivante :

Platine-Flamme pure-Platine à oxyde alcalino-terreux.

Dans une flamme, on introduit deux électrodes de platine, l'une nue, l'autre recouverte d'un sel alcalin ou alcalino-terreux, de façon qu'elle émette des ions négatifs. On observe une différence de potentiel entre les deux électrodes. On a une pile qui donne un courant *transportant les ions négatifs de la flamme sur le dépôt capable d'émettre les électrons.* Ce courant dure autant que le dépôt, quelques heures avec les sels alcalins, plusieurs jours avec les oxydes alcalino-terreux.

La mesure de la force électromotrice du couple donne les résultats suivants :

Dépôt sur l'électrode sensibilisée :

	E. (volt)
CaO	0,55
BaO	0,70
SrO	0,54
K^2CO^3	0,68
$RbCl$	0,56
Na^2CO^3	0,69

Le platine nu est le pôle positif par rapport au platine recouvert d'oxyde. Le courant débité est de l'ordre du $\frac{1}{10}$ de microampère.

La force électromotrice se calcule ainsi; soient les contacts électriques

$$V_P = \text{Platine} \mid \text{Flamme},$$
$$V_C = \text{Platine} \mid CaO + CaO \mid \text{Flamme},$$

on a

$$(68) \qquad E = V_P - V_C,$$

le platine nu étant positif.

Soient W l'énergie cinétique moyenne d'un électron à l'intérieur du platine, J_P son énergie cinétique à la sortie, e sa charge, π le travail à dépenser pour vaincre les actions moléculaires exercées par le métal sur l'électron, on a

$$(69) \qquad J_P = W - \pi - e V_P.$$

Avec l'électrode recouverte de chaux, on a

$$(70) \qquad J_C = W - \pi - e V_C,$$

d'où

$$(71) \qquad E = \frac{J_C - J_P}{e}.$$

Si J_C dépasse J_P, le couple débitera un courant allant, à l'extérieur, du platine nu au platine recouvert de chaux.

Cette formule est vérifiée par ses conséquences : elle conduit en particulier à réaliser le couple à électrodes froides de Pouillet. Supposons les deux électrodes de masses très différentes, pour établir entre elles une inégalité de température; par exemple l'une est une lame de platine, l'autre un tube de fer sur lequel on enroule une feuille de platine, et dans lequel circule un courant d'air. On a un couple où le platine froid est positif par rapport à l'autre. On peut aussi recouvrir l'électrode de platine chaud de CaO, alors $J_P = 0$, et il vient

$$(72) \qquad E = \frac{J_C}{e}.$$

La force électromotrice doit augmenter par rapport au couple (71). On trouve en effet 1,16 volt au lieu de 0,55 volt.

Des formules (71) et (72) on déduit

$$(73) \qquad \begin{cases} J_C = 1^v,16.e, \\ J_P = 0^v,61.e. \end{cases}$$

La température des électrodes est 1400° absolus. A cette température l'énergie cinétique moyenne d'une molécule d'un gaz est $2,5.10^{-13}$ erg. Avec $e = 4,7.10^{-10}$ U. E. S., elle correspond à une chute de potentiel $V = 0,16$ volt.

Donc l'énergie cinétique d'un électron sortant de la chaux ou du platine dépasse 5 à 10 fois celle qui est donnée par la loi de répartition de Maxwell appliquée à l'émission électronique. Cette différence s'explique par le fait que la flamme est un milieu hydrogène où la loi de distribution n'est pas observée (Richardson) et qu'aussi une des deux surfaces d'émission est de la chaux à laquelle la même loi ne s'applique pas.

19. **Couple à flamme chlorée.** — Dans la combinaison précédente, on peut élever notablement la force électromotrice en introduisant du chlore ou du brome, au contact de l'électrode de platine nu.

On fait brûler côte à côte deux flammes F_1 et F_2. Dans F_1 on dispose l'électrode de platine nue, dans F_2 celle recouverte de CaO. On pulvérise dans la première de l'eau bromée ou on la charge de chlore en faisant passer le gaz qui l'alimente dans un flacon contenant du $CHCl^3$ ou CCl^4. La force électromotrice est élevée et l'accroissement tend vers une limite maxima lorsque la concentration en corps actif croît.

On a la série

$$\text{Pt nu} \left| \begin{matrix} F_1 \\ Cl \end{matrix} \right| \begin{matrix} F_2 \\ \text{pure} \end{matrix} \left| \begin{matrix} \text{Pt recouvert} \\ \text{de CaO} \end{matrix} \right.$$

L'accroissement maximum est 0,55 volt, soit justement le voltage qui correspond à J_P. On peut admettre que le chlore, électronégatif, diminue et annule le rayonnement J_P, et que la force électromotrice de la série est encore $\frac{J_C}{e}$, d'où l'accroissement $\frac{J_P}{e}$;

20. **Couple à flamme chargée de vapeur saline.** — Une combinaison également simple est la précédente où la flamme est chargée d'une vapeur par pulvérisation d'une solution alcaline. On a alors le couple

suivant :

Pt pur-Flamme salée-Pt recouvert de CaO.

Quel que soit le sel alcalin, la force électromotrice est diminuée par rapport au couple à flamme pure. La diminution dépend de la nature du sel et le courant débité est proportionnel à la racine carrée de la concentration.

Voici des résultats numériques : la solution pulvérisée est à une molécule par litre :

Sel.	volt
KOH	0,25
KCl	0,22
KI	0,18
KBr	0,18
$KClO^3$	0,24
NaCl	0,15
NaBr	0,15

C'est toujours le platine nu qui est le pôle positif.

La diminution paraît être due aux ions positifs de la vapeur qui sont entraînés vers l'électrode nue et provoquent une chute de potentiel opposée à la force électromotrice ; les ions négatifs entraînés vers l'électrode recouverte de chaux annulent la chute cathodique.

21. **Couples à deux flammes.** — A. *Couple à concentration.* — Deux flammes F_1 et F_2 brûlent côte à côte. Une électrode recouverte de CaO est placée dans chacune d'elles. On pulvérise dans F_1 une solution saline de concentration C_1, l'autre F_2 reste pure. On a la série :

$$P_1 \left| \begin{matrix} \text{Flamme } F_1 \\ \text{salée} \end{matrix} \right| \begin{matrix} \text{Flamme } F_2 \\ \text{pure} \end{matrix} \left| P_2. \right.$$

On réalise ainsi une pile à concentration dont le courant transporte les ions négatifs de la flamme salée vers la flamme diluée. C'est l'électrode P_1 plongée dans la flamme salée qui est le pôle positif.

Voici quelques nombres :

Sel = KCl.	1 mol/litre.	$\frac{1}{4}$ mol.	$\frac{1}{16}$ mol.	$\frac{1}{64}$ mol.
E (volt)	0,27	0,27	0,22	0,17
E_{cal} (volt)	0,28	0,27	0,22	0,18

Sels divers à concentration de 1 mol/litre :

	volt
KI	0,33
KOH	0,30
$KAzO^3$	0,30
RbCl	0,23
NaCl	0,23

Les contacts des électrodes avec la vapeur saline ne dépendent que de W et π [form. (69), (70)]. Ces contacts sont donc égaux et la force électromotrice E de la pile à concentration est

$$E = F_1 \mid F_2. \tag{74}$$

La formule du contact des solutions électrolytes d'inégale concentration est applicable et l'on a

$$E = \frac{RT}{Ne} \log \frac{n_1}{n_2}; \tag{75}$$

R, constante des gaz parfaits; N, constante d'Avogadro; T, température absolue; n_1 et n_2, densités des ions négatifs dans les flammes.

A 2000°, cette formule donne

$$E = 0^v,2 \log \frac{n_1}{n_2}; \tag{76}$$

n_1 et n_2 sont déduits des courants traversant les deux flammes pour la même différence de potentiel entre électrodes nues. C'est avec la formule (76) qu'on a calculé les résultats qui figurent dans le tableau ci-dessus.

B. *Couples mixtes.* — On réalise des séries mixtes d'après le schéma suivant :

$$P_1 \left| \begin{matrix} \text{Flamme } F_1 \\ \text{salée} \end{matrix} \right| \begin{matrix} \text{Flamme } F_2 \\ \text{pure} \end{matrix} \left| P_2, \right.$$

P_1, électrode de platine nue; P_2, électrode de platine recouverte de CaO, ou l'inverse.

Soient E_1 la force électromotrice obtenue avec le premier dispositif, E_2 celle du second, le plateau nu étant toujours le pôle positif;

voici quelques résultats :

Sol.	E_1. volt	E_1. volt
KCl (1 mol/litre)..........	0,69	0,27
KI »	0,75	0,25
KI $\left(\frac{1}{4}\text{ mol/litre}\right)$..........	0,74	0,30
KCl^3O^3 $\left(\frac{1}{16}\text{ mol/litre}\right)$....	0,70	0,30

La différence tient au contact des deux flammes et à l'abaissement dû à la concentration des ions positifs au voisinage de l'électrode de platine nu, dans le premier dispositif.

CHAPITRE VI.

IONISATION DES GAZ ISSUS DES FLAMMES; DES VAPEURS SALINES, DES FLAMMES CARBONÉES. — GROS IONS.

22. **Flammes.** — Les gaz qui sortent d'une flamme sont fortement ionisés. Giese remarque qu'ils peuvent encore décharger un corps électrisé négativement ou positivement 6 à 7 minutes après avoir quitté la flamme.

Mac Clelland a mesuré la vitesse des ions par le procédé de Zélény (1901). Les gaz traversent successivement deux condensateurs cylindriques. On charge le premier à un potentiel tel que l'armature interne du second commence à se charger. On déduit la mobilité par la formule

$$K = \frac{R^2 - r^2}{2} \frac{vL}{V} \log \frac{R}{r}, \tag{77}$$

où R et r sont les rayons des armatures des condensateurs, L la longueur des armatures intérieures successives, v la vitesse des gaz de la flamme, V le potentiel de charge.

Mac Clelland trouve que la mobilité positive égale la mobilité négative et qu'elle diminue à mesure que la température est plus basse. Voici quelques nombres :

Distance à la flamme du point où la mobilité est mesurée. cm	Température. °	Mobilité pour 1 volt/cm. cm
5,5..............	230	0,23
10.................	160	0,21
14,5..............	105	0,04

Bloch (1910) trouve que plus les gaz s'éloignent de la flamme, plus le courant de saturation est difficile à obtenir à cause de la diminution des mobilités. Lorsque le temps mis par les gaz pour aller de la flamme à l'appareil mesureur des mobilités, varie de quelques secondes à 22 minutes, celles-ci décroissent de 1^{mm} à $0^{mm},1$. Cette diminution tient à la condensation sur les charges des produits de la combustion.

De Broglie (1911) établit l'existence de centres neutres prêts à se convertir en *gros ions*, à la condition de recevoir une charge élémentaire. On peut en effet désélectriser les gaz issus d'une flamme par un champ électrique élevé et les ioniser ensuite par rayons X. On obtient une nouvelle conductibilité avec les mêmes faibles mobilités.

Lorsque les produits de la combustion sont moins importants, les mobilités augmentent. De Broglie compare les mobilités des gaz issus d'une flamme de CO à celle des ions ordinaires produits par rayons β et γ.

On trouve les rapports suivants : ions positifs, 0,83; ions négatifs 0,59. On conclut que les deux espèces d'ions sont identiques.

Avec des flammes diluées dans un gaz inerte, on obtient également des petits ions. Exemple : flammes d'hydrogène, d'éther, d'aldéhyde, acétone, pentane produites par ces gaz mélangés d'azote.

Lorsque la flamme est chargée de vapeurs salines (P. Lewis), les mobilités du gaz issu d'elle diminuent un peu. La mobilité négative reste un peu plus élevée que la mobilité positive. Elles varient en raison inverse de la racine carrée de la concentration de la solution pulvérisée. La diminution de la mobilité avec la température est due à une agglomération des molécules de sel autour d'une charge. Celle-ci est proportionnelle à la concentration, donc l'énergie d'agitation étant la même, la masse de l'ion, soit la mobilité, est inverse de la racine carrée de la concentration.

23. Vapeurs salines. — On peut obtenir de gros ions avec les vapeurs salines alcalines, chauffées dans un tube de porcelaine (Moreau). On fait arriver dans le tube un courant d'air qui a barboté dans une solution saline et qui se charge de sel proportionnellement à la concentration. Le sel est ionisé dans le tube de porcelaine et le courant d'ionisation mesuré par le passage du courant gazeux dans un condensateur cylindrique coaxial avec le tube. On observe un courant limite proportionnel à la *racine carrée de la concentration de la solution saline traversée par le flux gazeux*. C'est une loi analogue à celle des flammes. La température du tube de porcelaine ne dépasse pas 800°.

Les mobilités ont été mesurées par le procédé de Zélény entre 15° et 170°. On trouve :

1° Pour le même sel, avec la même concentration du courant gazeux, les mobilités positives sont égales aux mobilités négatives.
2° Elles diminuent à mesure que la concentration du courant gazeux s'élève et lorsque la température croît. Elles dépendent de la nature du sel.

Exemple numérique :

KI Concentration.	$t = 170°$.	100°.	70°.	15°.
	cm	cm	cm	cm
1 mol/litre......	0,20	0,12	0,10	0,013
$\frac{1}{4}$ »	0,45	0,26	0,15	0,028
$\frac{1}{16}$ »	0,68	0,42	0,21	0,040

Pour les différents sels alcalins, les mobilités sont comprises entre $0^{cm},01$ et 1^{cm}. Elles varient à peu près en raison inverse de la racine cubique de la concentration.

Les mobilités précédentes correspondent à des assemblages moléculaires allant jusqu'à 60000 molécules; ce sont de gros ions. Ce résultat ne peut surprendre si l'on remarque que le courant gazeux emporte avec la vapeur saline des poussières salines qui se condensent sur les centres électrisés. Le coefficient de recombinaison de ces ions est inférieur à celui de l'air soumis aux corps radioactifs, et il diminue à mesure que la température décroît. De 15° à 170°, il varie pour le même sel entre 100 et 2000.

Des observations ont été faites à plus haute température (1400°), par H.-A. Wilson (1901). Il trouve que le courant limite est proportionnel à la concentration de la solution vaporisée, et inversement proportionnel à l'équivalent électrochimique du sel. Si Q est la quantité d'électricité donnée par une masse M de sel entrant dans le tube, on a

$$\frac{Q}{M} = \frac{A}{E}; \tag{78}$$

E, équivalent électrochimique du sel; A, une constante.

La mesure de A se fait par celle de Q et de M. La valeur de M est obtenue en introduisant dans un bec Bunsen de l'air chargé de sel, mélangé au gaz d'éclairage. On obtient une flamme colorée que l'on compare à une autre flamme dans laquelle est une perle de sel. On détermine la perte de poids de la perle pour le même éclairement, on trouve A = 98 600 coulombs. Il apparaît que la loi de Faraday de l'électrolyse des liquides est applicable aux vapeurs salines. La mesure approximative des mobilités ci-donnée

	cm
Ions négatifs	26
Ions positifs (métaux alcalins)	7,2
» (métaux alcalino-terreux)	3,8

Ces nombres, eu égard à la différence de température, paraissent plus élevés que dans les flammes.

Le rapport de la charge $\frac{e}{m}$ à la masse des ions positifs émis par les sels alcalins dans le vide a été déterminé par Richardson. Si l'on divise les nombres obtenus par la constante de Faraday 9644 U.E.M., on a le poids atomique du métal. Il semble donc que les ions observés par Wilson à haute température contiennent le métal seul. Ceci n'est pas en contradiction avec les résultats des ions des flammes, car les milieux sont très différents, ainsi que le prouvent les mobilités ci-dessus indiquées.

24. Flammes lumineuses carbonées. — Dans la flamme lumineuse d'un bec papillon, alimenté par le gaz d'éclairage, on introduit deux électrodes de platine entre lesquelles on fait passer un courant. On a sur la cathode un abondant dépôt de charbon (Neyreneuf) sous forme d'arborescence et sur l'anode un léger dépôt rocailleux. Il existe dans la flamme des particules de carbone qui sont chargées positivement par perte d'un électron, provoquée par l'incandescence. Ce sont des ions positifs qui se déplacent lentement et agglomèrent des parcelles neutres de charbon en suspension dans la flamme. Il se forme des *gros ions* qui arrivent à l'électrode négative. Le dépôt sur l'anode doit être attribué au refroidissement de cette électrode.

On peut modifier l'expérience et obtenir un dépôt par ions négatifs. A côté du papillon, brûle au contact une flamme Bunsen non éclairante chargée de vapeur saline. Une électrode A est dans cette flamme, tandis qu'une électrode B est dans le papillon. Dès que A est cathode, un abondant dépôt arborescent de carbone apparaît sur B; les ions négatifs de la vapeur saline sont lancés dans la flamme papillon où ils forment, par attraction du charbon, de gros ions.

On a ainsi un phénomène comparable à l'électrolyse d'une solution. On mesure la masse de charbon déposée par une quantité connue d'électricité qui traverse la flamme. Si l'on adopte la charge normale ionique, $4,7\ 10^{-10}$ U.E.S., on déduit la masse d'un ion. On trouve des nombres de l'ordre de 10^{-19} gramme. Voici quelques résultats (Moreau) :

M est la masse de charbon déposée, évaluée en milligrammes; t la durée de l'expérience en minutes; I l'intensité du courant en microampères; m la masse d'un ion calculée par $m = \frac{Me}{It}$; où e est la charge d'un ion, soit $4,7 \times 10^{-10}$ E.S.

Transport par :	M.	t.	I.	m.	mI.
Ions négatifs.	8,5........	8	20	$1,4 \cdot 10^{-19}$	28.10^{-19}
	11.........	10	22	1,3	28,6
	22.........	20	8,8	3,2	28,2
	22.........	20	21,1	1,36	27,2
Ions positifs.	10.........	9	0,81	3,5	28,3
	11.........	10	6,4	4,5	28,8
	22.........	20	1,09	2,6	28,3
	22.........	20	0,47	6,1	28,6

Le produit mI est constant. Il est probable que pendant la traversée de la flamme carbonée, la masse de carbone entraînée est proportionnelle à la concentration C en particules de carbone et qu'on a $m\frac{I}{e} = a$C. Ces ions ont une masse considérable qui correspond à plusieurs milliers de molécules. Des recherches seraient à faire sur leurs mobilités.

BIBLIOGRAPHIE.

ANDRADE. — Sur la nature et la mobilité des ions négatifs des flammes contenant des vapeurs salines (*Philos. Magaz.*, 23, 1912, p. 865).

ARRHÉNIUS. — Sur la conductibilité de l'électricité à travers des vapeurs salines chauffées (*Wied. Annalen*, 42, 1891, p. 18).

BANCALÀRI. — Recherches sur le diamagnétisme des flammes (*Pogg. Annal.*, 73 1848, p. 256).

BARNES. — Ionisation des vapeurs de cæsium et mobilité des électrons dans la flamme (*The Physical Review*, 23, 1924, p. 178).

BLOCH. — Sur les ions et les particules neutres présentes dans certains gaz récemment préparés (*Le Radium*, 1910, p. 354).

BOUCHER. — Mobilité des ions négatifs dans les flammes (*The Physical Review*, 26, 1925, p. 807).

BRYAN. — Conductibilité des flammes contenant des vapeurs salines (*The Physical Review*, 18, 1921, p. 275).

— Propriétés électriques des flammes contenant des vapeurs salines (*Ibid.*, 23, 1924, p. 189 et 195).

BRAUN. — Sur la conductibilité unipolaire des couches gazeuses (*Pogg. Annal.*, 154, 1875, p. 481).

CHAUTARD. — Expériences relatives au magnétisme et diamagnétisme des gaz (*Comptes rendus Acad. Sc.*, 64, 1867, p. 114).

DAWSON et SMITHELLS. — Conductibilité électrique et luminosité des flammes contenant des vapeurs salines (*Philos. Transact.*, 193, 1900, p. 189).

DE BROGLIE (M.). — Les petits ions dans les gaz issus des flammes (*Le Radium*, 1911, p. 106).

ELSTER et GEITEL. — Sur l'électricité des flammes (*Wied. Annalen*, 16, 1882, p. 193).

FREDENHAGEN. — Études d'analyse spectrale (*Annalen der Physik und Chimie*, 20, 1906, p. 133).

FARADAY. — Sur le diamagnétisme des flammes et des gaz (*Philos. Magaz.*, 31, 1847, p. 401).

GIESE. — Recherches sur la conductibilité électrique des flammes et gaz (*Wied. Annalen*, 17, 1882, p. 1; 38, 1889, p. 403).

GOLD. — La mobilité des ions négatifs dans les flammes (*Le Radium*, 1907, p. 157).

GOUY. — Recherches sur les flammes colorées (*Annales de Physique et Chimie*, 18, 1879, p. 1).

HANKEL. — Sur l'électrisation des flammes (*Wied. Annalen*, 81, 1850, p. 213)

HEAPS. — Effet du champ magnétique sur la conductibilité des flammes (*The Physical Review*, 7, 1916, p. 663

HERWIG. — Sur l'unipolarité de la conductibilité d'une flamme (*Wied. Annalen*, 1, 1877, p. 516

HITTORF. — Conductibilité électrique des gaz (*Pogg. Annalen*, 136, 1869, p. 197 et 430).

KALANDYK. — Conductibilité des vapeurs des sels dans la flamme chlorhydrique (*Journal de Physique*, novembre 1924, p. 345).

LUSBY. — Mobilité des ions positifs dans les flammes (*Proceed. of the Cambridge Philos. Society*, 16, 1910, p. 21).

LEWIS. — Mobilité des ions dans les flammes salées (*Le Radium*, 1905, p. 403).

MAC CLELLAND. — Sur la conductibilité des gaz chauds extraits des flammes (*Philos. Magaz.*, 5, 1898, p. 29).

MARX. — Sur l'effet Hall dans les gaz de la flamme (*Physikal. Zeitsch.*, 2, 1901, p. 412).

MASSOULIER. — Contribution à l'étude de l'ionisation des flammes (*Comptes rendus Acad. Sc.*, 140, 1905, p. 234, 647 et 1023).

MOREAU. — Recherches sur la conductibilité des flammes (*Annales de Chimie et Physique*, 30, 1903, p. 1; 14, 1911, p. 289).

— Sur la masse et la mobilité des ions des flammes (*Le Radium*, 1910, p. 70; 1912, p. 273).

— Sur les couples à flammes (*Comptes rendus Acad. Sc.*, 157, 1913, p. 932 et 1070).

NEYRENEUF. — Action de l'électricité sur les flammes (*Annales de Chimie et Physique*, 2, 1874, p. 473).

LANGEVIN. — Recherches sur les gaz ionisés (*Thèse de Doctorat*, Gauthier-Villars, 1902, p. 48).

— Sur une formule fondamentale de la théorie cinétique (*Comptes rendus Acad. Sc.*, 140, 1905, p. 35).

PLÜCKER. — Action du champ magnétique sur les gaz (*Pogg. Annalen*, 73, 1848, p. 149).

POUILLET. — Sur l'électricité des fluides élastiques (*Annales de Chimie et Physique*, 35, 1827, p. 401).

RICHARDSON. — Sur le rayonnement négatif à partir du platine chaud (*Proceed. of the Cambridge Philos. Society*, 11, 1902, p. 286).

RICKER. — Conductibilité électrique d'une flamme Bunsen pour de faibles distances entre les électrodes (*The Phys. Review*, 8, 1916, p. 626).

STARK et TUFTS. — Du courant électrique dans les flammes entre électrodes voisines (*Physik. Zeitschrift*, 5, 1904, p. 248).

J.-J. THOMSON. — Passage de l'électricité à travers les gaz (Gauthier-Villars, trad. Fric et Faur, 1912, p. 83).

TUFTS. — L'ionisation dans les flammes (*Physikal. Zeitsch.*, 5, 1904, p. 76).

— Relation entre le rayonnement lumineux et la conductibilité électrique dans les flammes (*Ibid.*, p. 157).

WATT. — Mobilités des ions négatifs dans les flammes (*The Phys. Review*, 25, 1925, p. 69).

H.-B. WILSON. — Sur la conductibilité électrique des flammes (*Philos. Magaz.*, 1, 1905, p. 476).

— Sur la conductibilité des flammes contenant des vapeurs salines pour courants alternatifs (*Ibid.*, 2, 1905, p. 484).

— Sur la vitesse des ions des vapeurs salines dans les flammes (*Philos. Magaz.*, 41, 1911, p. 711).

— The electrical Proper of Flammes and of incandescent solides (*University of London Press*, 1912, p. 57 à 118).

ZACHMANN. — Recherches sur la conductibilité électrique des flammes chargées de vapeurs salines (*Annalen der Physik*, 74, 1924, p. 461).

ZELUNG. — Mobilités des ions produits dans les gaz par les rayons Röntgen (*Philos. Transact.*, 195, 1901, p. 193).

TABLE DES MATIÈRES.

CONFÉRENCES-RAPPORTS DE DOCUMENTATION

SUR LA PHYSIQUE

Organisées avec le patronage du *Collège de France, du Muséum d'Histoire naturelle, de la Faculté des Sciences de Paris, de la Direction des recherches et inventions de l'Institut d'Optique, de la Société française de Physique, de la Société de Chimie-Physique, de la Société française des Électriciens, de la Société de Navigation aérienne.*

BLOCH (Eugène). — **Les phénomènes thermioniques.** Un volume in-8, 112 pages, 24 figures, cartonné.......... 20 fr.

BOSLER (Jean). — **L'évolution des étoiles.** Un volume in-8, 104 pages, 19 figures, cartonné.......... 20 fr.

BRILLOUIN (Léon). — **La théorie des Quanta et l'atome de Bohr.** Un volume in-8, 184 pages, 44 figures, cartonné.......... 25 fr.

BROGLIE (Maurice DE). — **Les Rayons X.** Un volume in-8, 164 pages, 3 planches, cartonné.......... 30 fr.

DUNOYER (Louis). — **La technique du vide.** Un volume in-8, 225 pages, 8 figures, cartonné.......... 25 fr.

GUTTON (Camille). — **La lampe à trois électrodes,** 2e édition. Un volume in-8, 184 pages, 90 figures, cartonné.......... 25 fr.

LEBLANC Fils (Maurice). — **L'arc électrique.** Un volume in-8, 132 pages, 71 figures, cartonné.......... 20 fr.

MAUGUIN (Charles). — **La structure des cristaux par les rayons X.** Un volume in-8, 286 pages, 125 figures, cartonné.......... 30 fr.

CURIE (Mme Pierre). — **L'isotopie et les éléments isotopes.** Un volume in-8, 210 pages, cartonné.......... 30 fr.

DAUVILLIER (Alexandre). — **La technique des rayons X.** Un volume in-8, 210 pages, cartonné.......... 30 fr.

BLOCH (Léon). — **Ionisation et résonance des gaz et des vapeurs.** Un volume in-8, 224 pages, cartonné.......... 30 fr.

MESNY (René). — **Les ondes électriques courtes.** — Un volume in-8, 164 pages, 168 figures, cartonné.......... 30 fr.

HOLWECK (F.). — **De la lumière aux rayons X.** Un volume in-8, 144 pages, 97 figures dont 4 hors texte, cartonné.......... 30 fr.

LECOMTE (Jean). — **Le spectre infrarouge.** Un volume in-8.......... 75 fr.

SOUS PRESSE :

ERRERA (Jacques). — **Polarisation diélectrique.**

CABANNES (J.). — **La diffraction moléculaire de la lumière dans les fluides.**

LIBRAIRIE GAUTHIER-VILLARS ET Cie.

55, QUAI DES GRANDS-AUGUSTINS, PARIS (6e)

Envoi dans toute l'Union postale contre chèque ou valeur sur Paris.
Frais de port en sus. (Chèques postaux : Paris 29323). R. C. Seine, 22520.

Mémorial des Sciences Mathématiques

DIRECTEUR : Henri VILLAT

Correspondant de l'Académie des Sciences,
Professeur à la Sorbonne,
Directeur du "Journal de Mathématiques pures et appliquées"

Le but de cette Collection est de constituer un ensemble de petits volumes sur tous les sujets intéressant les Mathématiques. Chacun de ces volumes donne l'exposé et la mise au point d'une question précise et bien délimitée. Sur une telle question, on trouve la suite ordonnée de tous les faits fondamentaux, tous les résultats acquis, et un tableau des principaux progrès qui paraissent actuellement désirables, ou en cours de réalisation.

Volumes in-8 raisin (25×16) se vendant séparément :

Fascicules parus :

Fasc.
1. *Paul Appell.* — Sur une forme générale des équations de la dynamique .... 15 fr.
2. *G. Valiron.* — Fonctions entières et fonctions méromorphes.... 15 fr.
3. *Paul Appell.* — Séries hypergéométriques de plusieurs variables, polynomes d'Hermite et autres fonctions sphériques de l'hyperespace .... 15 fr.
4. *M. d'Ocagne.* — Esquisse d'ensemble de la Nomographie....... 15 fr.
5. *P. Lévy.* — Analyse fonctionnelle .... 15 fr.
6. *E. Goursat.* — Le problème de Bäcklund .... 15 fr.
7. *A. Buhl.* — Séries analytiques. Sommabilité .... 15 fr.
8. *Th. de Donder.* — Introduction à la gravifique einsteinienne.. 15 fr.
9. *E. Cartan.* — La Géométrie des espaces de Riemann.......... 15 fr.
10. *P. Humbert.* — Fonctions de Lamé et fonctions de Mathieu.... 15 fr.
11. *G. Bouligand.* — Fonctions harmoniques. Principes de Picard et de Dirichlet .... 15 fr.
12. *R. Gosse.* — La méthode de Darboux pour les équations $s = f(x, y, z, p, q)$ .... 15 fr.
13. *A. Véronnet.* — Figures d'équilibre et Cosmogonie.......... 15 fr.
14. *Th. de Donder.* — Théorie des champs gravifiques.......... 15 fr.
15. *S. Zaremba.* — La logique des Mathématiques.......... 15 fr.
16. *A. Buhl.* — Formules stokiennes.......... 15 fr.
17. *G. Valiron.* — Théorie générale des Séries de Dirichlet .... 15 fr.
18. *A. Sainte-Laguë.* — Les Réseaux (ou Graphes).......... 15 fr.
19. *R. Lagrange.* — Calcul différentiel absolu.......... 15 fr.
20. *A. Bloch.* — Les fonctions holomorphes ou méromorphes dans le cercle unité .... 15 fr.
21. *M. Janet.* — Les systèmes d'équations aux dérivées partielles ... 15 fr.
22. *L. Godeaux.* — Les transformations birationnelles du plan..... 15 fr.
23. *Georges Rémoundos.* — Extension aux fonctions algébroïdes multiformes du théorème de M. Picard et de ses applications. 15 fr.
24. *N.-E. Nörlund.* — Sur la « Somme » d'une fonction .... 15 fr.
25. *Georges Darmois.* — Les équations de la gravitation einsteinienne. 15 fr.
26. *Bertrand Gambier.* — Déformation des surfaces étudiée du point de vue infinitésimal .... 15 fr.
27. *Paul Appell.* — Le problème géométrique des déblais et remblais 15 fr.
28. *Emile Cotton.* — Approximations successives et équations différentielles .... 15 fr.
29. *C. Guichard.* — Les courbes de l'espace à n dimensions....... 15 fr.
30. *Ludovic Zoretti.* — Les principes de la Mécanique classique ... 15 fr.

Nombreux fascicules en preparation. Consulter la Notice spéciale.

82482-28 Paris. — Imp. GAUTHIER-VILLARS et Cie, 55, quai des Grands-Augustins.

www.ingramcontent.com/pod-product-compliance
Ingram Content Group UK Ltd.
Pitfield, Milton Keynes, MK11 3LW, UK
UKHW022130170726
13837UKWH00003B/1472

9 782329 204758